ein Winterbuch

FRIEDENAUER PRESSE

Ambrose G. H. Pratt

MENURA

Prächtiger Vogel Leierschwanz

Aus dem Englischen übersetzt und herausgegeben
von Rainer G. Schmidt

Friedenauer Presse Berlin

Kap. 1

»Ein Wunder der Dandenongs«

Eines der schönsten und seltensten und gewiß das klügste der wildlebenden Geschöpfe der Welt ist der Prachtleierschwanz (*Menura novae-hollandiae* oder *superba*). Dieser Vogel gehört ausschließlich zu Australien und bewohnt nur einen einzigen schmalen Landstrich unseres großen Kontinents. Er ist in den dichten Bergwäldern heimisch, die wie ein Gefieder die östlichen und südöstlichen Meeresküsten bedecken.

Mehr als sechzig Prozent der Bevölkerung Australiens siedelt in den beiden Staaten, in deren Küstenland der Leierschwanz vorkommt, aber obwohl Tausende von Menschen den Gesang und die Rufe der Menura in den Wäldern gehört haben, war es nur sehr wenigen vergönnt gewesen, ein lebendiges Exemplar zu sehen. Der Vogel ist äußerst scheu und versteht es, sich auf fast unglaubliche Weise zu entziehen. John Gould, der Vater der australischen Ornithologie, verbrachte ganze Wochen in den *gullies*, den Bergschluchten von New South Wales (als das Refugium von Leierschwänzen wohlbekannt)

5

und hoffte, sie in ihrem Naturzustand beobachten zu können. Er wurde oftmals von ihrem melodiösen Gesang ergötzt, doch berichtet er mit Bedauern von seinen nutzlosen Bemühungen, mehr als nur einen flüchtigen Blick auf einen von ihnen zu erhaschen. Viele Ornithologen seit Gould haben eine ähnliche Erfahrung gemacht, und bis vor kurzem stammte das Wissen über das Wesen, die Veranlagung und die Verhaltensweisen dieses wunderbaren Vogels von den Berichten der Buschleute und den Aufzeichnungen und Erinnerungen zufälliger und oft ungeschulter Beobachter. Zwar sind viele Leierschwänze lebend eingefangen und von erfahrenen Naturforschern untersucht worden, aber da diese Vögel in Gefangenschaft (außer, sie werden sehr jung gefangen) unweigerlich den Kopf hängen lassen und rasch zugrunde gehen, hatten diese Versuche nur wenig erbracht. Es ist nicht übertrieben zu sagen, daß die Kenntnisse über den lebenden Leierschwanz in den letzten fünf Jahren einen größeren Zuwachs an genauen und authentischen Informationen erhalten haben als während des gesamten vorigen Jahrhunderts zusammengetragen wurden.

Zum größeren Teil verdankt sich diese rasche und bemerkenswerte Erweiterung unseres Wissens über die Menura der wunderbaren Freundschaft, die sich zwischen einem männlichen Leierschwanz und einer verwitweten Dame namens Edith Wilkinson entspann. Die Frau lebt einsiedlerisch auf einem der höhergelegenen Hänge des Mount Dandenong − ungefähr vierundzwanzig Meilen von der Stadt Melbourne entfernt. Mrs. Wilkinson, eine

Gartenbaukünstlerin und leidenschaftliche Naturlieb-
haberin, ist im Besitz eines langen Stücks von jungfräu-
lichem Urwald, das sie als Reservat für wildlebende Tiere vor menschlichem Zutritt sorgsam geschützt hat. Der
tiefe, mit Farn bewachsene *gully*, der ihr Land durch-
quert, befindet sich heute in demselben Zustand wie zur
Zeit der Entdeckung Australiens durch Captain Cook
und war wahrscheinlich unzählige Zeitalter lang von den
Vorfahren der vielen Leierschwänze bevölkert, die jetzt
in seinen schattigen Schlupfwinkeln hausen. Oberhalb
der Schlucht ist, auf der Kuppe eines Hügels, etwa ein
Acre Urwald gerodet worden, um Platz für ein Landhaus
und einen entzückenden Garten im europäischen Stil zu
schaffen; und dort wohnt Mrs. Wilkinson und geht ihrer
Tätigkeit nach – dem Anbau von Blumen als Schmuck
für die Wohnzimmer von Melbourne. Während vieler
Jahre wurden für Mrs. Wilkinson die täglichen Arbeiten
in ihrem Garten durch die zahllosen Stimmen des Waldes
zu einer Lust, und sie lernte die Melodien der unzähligen
verschiedenen Sänger zu unterscheiden. In all diesen Jahren verging fast kaum ein Tag, an dem sie nicht den Gesang eines Leierschwanzes hörte, aber erst an einem
Morgen im Februar 1930 zeigte sich eines dieser scheu-
en Geschöpfe. Als sie an jenem historischen Morgen eine
ihrer vielen Terrassen erstieg, fand sie sich Auge in Auge
mit einem prächtigen jungen Leierschwanzhahn, der
mitten auf dem Weg neben ihrem Außentor stand. Sobald sie ihn erspähte, blieb Mrs. Wilkinson stehen – und
hielt den Atem an, um den Vogel nicht zu erschrecken.

Er zeigte jedoch kein Anzeichen von Angst, und einige Augenblicke lang betrachtete er die Frau aufmerksam mit seinen großen schwarzen Augen. Sein Verhalten zeichnete sich durch höchste Wachsamkeit aus, und er bewegte seinen Kopf ruckartig von Seite zu Seite, um sie besser beobachten zu können; aber er war offenbar davon überzeugt, daß ihm kein Feind gegenüberstand, und bald begann er, längs des Wegrands nach seinem Futter zu scharren. Schließlich war es die Frau, die sich lautlos zurückzog, während der Vogel blieb. Am nächsten Tag erschien der Leierschwanz wieder, diesmal in Begleitung seiner Gefährtin. Das Weibchen hatte jedoch nicht den Mut des Männchens und blieb am Rand des Farngestrüpps hinter dem Garten, um dann wie ein Trugbild zu verschwinden, als Mrs. Wilkinson mit ihrem Spaten eine Bewegung machte. Der Hahn hingegen beobachtete die Frau eine Weile beim Graben; als dann seine Neugierde befriedigt war, begann er, zwischen den Blumenbeeten zu wühlen, um nach den Larven, Tausendfüßlern und Weichtieren zu suchen, von denen sich diese sonderbaren Vögel ernähren.

Von dieser Zeit an besuchte der Menura-Hahn Mrs. Wilkinson mit der Regelmäßigkeit eines Uhrwerks. Er sang nicht und selten stieß er seinen charakteristischen Ruf aus; aber er schien vollkommen glücklich darüber, im Garten umherstreifen zu können oder, oft für längere Zeiträume, reglos dazustehen und Mrs. Wilkinson bei ihrer Arbeit zuzusehen. Sein Vertrauen nahm stetig zu, bis er schließlich der Frau erlaubte, ganz dicht heranzukommen, ohne daß er gestört zu sein schien. Vertrauen rief jedoch bald Unverschämtheit hervor, und er begann sich dadurch lästig zu machen, daß er neue Sträucher ausgrub, die Mrs. Wilkinson am Vorabend gepflanzt hatte. Seine Verwüstungen richteten einen solchen Schaden an, daß Mrs. Wilkinson schließlich gezwungen war, im Interesse ihres Geschäfts Einspruch zu erheben, und als sie ihn eines schönen Morgens dabei ertappte, wie er eifrig einen ihrer kostbarsten Blütenbäume zerstörte, jagte sie ihn unerbittlich davon. Das war ein unglücklicher Tag für die einsame Frau, denn sie hatte den Leierschwanz schon liebgewonnen und fürchtete, er würde niemals mehr zurückkehren. Am nächsten Morgen jedoch erschien er wieder zur gewohnten Stunde und betrug sich so schicklich, als würde er sein früheres Vergehen begreifen und bereuen. Ungefähr zu dieser Zeit begann Mrs. Wilkinson, mit dem Vogel zu reden und sich wirklich Mühe zu geben, die Freundschaft mit ihm zu pflegen. Ihre Stimme erschreckte ihn zuerst und veranlaßte ihn, sich zu verstecken, aber nach und nach gewöhnte er sich an sie, und schon störte sie ihn nicht mehr und er fing an, der Frau zu antworten. Ihr gleichbleibender Morgengruß an ihn war: »Hullo, Boy!« Er stand dann einige Augenblicke lang da und schaute sie aufmerksam an, und schließlich brach er auf, um sich nach seinem Frühstück umzusehen. Den ersten wissenschaftlichen Kommentar zu dem Vogel gab Mrs. Wilkinson dadurch ab, daß sie ihn als ein Gewohnheitstier, ja sogar fast als einen Sklaven der Gewohnheit bezeichnete.

9

Er tauchte stets zu einer bestimmten Stunde am frühen Morgen aus der Schlucht auf und trat an einer bestimmten Stelle östlich von ihrem Landhaus in Erscheinung. Seine erste Tat war es, ins Geäst einer hohen Goldakazie hinaufzuspringen, die am äußersten Ende des Gartens inmitten eines Hains von Schwarzholzakazien wächst. Stets saß er etwa zehn Minuten auf einem besonderen Ast, während er seine Federn putzte und um sich schaute. Dann hüpfte er in den Garten hinab und scharrte nahe der Wege herum, bis Mrs. Wilkinson erschien, um ihn zu begrüßen und dann ihrer üblichen Gartenarbeit nachzugehen. Während sie arbeitete, pflegte er seine Nahrung in ihrer Nähe zu suchen; mit fortschreitendem Tag zog er sich dann ins Farnkraut zurück und machte eine Runde auf der mit Büschen bedeckten Bergkuppe (sein Weg war durch seine gelegentlichen charakteristischen Rufe zu verfolgen). Abends kehrte er von Westen her zu dem Landhaus zurück, um eine oder zwei weitere Stunden im Garten zu verbringen. Bald nach Sonnenuntergang pflegte er, auf das Geländer der Veranda (an der Westseite des Landhauses von Mrs. Wilkinson) zu hüpfen und auf der Leiste zu einer Stelle zu laufen, die ihrem Wohnzimmerfenster gegenüberliegt. Dort verweilte er für ein paar Augenblicke, wobei er seine Federn putzte und sich um seine Toilette kümmerte, sprang dann auf den ausladenden Ast einer benachbarten Schwarzakazie und machte sich flugbereit, um kurz darauf den Berghang hinab in die dunklen Schatten der mit Dschungel bedeckten Schlucht zu segeln. Der Vogel wiederholte in den Monaten April und Mai diese Darbietung täglich. Anfang Juni jedoch packte ihn der Paarungstrieb, und dementsprechend wandelte er sein Programm ab. Das erste Anzeichen der Veränderung war, daß er plötzlich zu singen anfing. Zuerst sang er, während er auf einem Ast seiner bevorzugten Goldakazie östlich des Landhauses saß. Ein paar Tage später jedoch lief er um den Garten herum zur Veranda im Westen und gab, nachdem er sich auf dem Geländer vor dem Wohnzimmerfenster niedergelassen hatte, ein wunderbares Konzert, wobei er zahlreiche Waldsänger nachahmte und oft auch das Liebeslied seiner eigenen Gattung vortrug. Bei dieser Gelegenheit wurde er von seinem Weibchen begleitet. Die Henne hielt sich jedoch furchtsam fern. In einem Baum etwas abseits vom Landhaus sitzend, verweilte sie während der ganzen Zeit der Darbietung ihres Gatten, doch schien sie ängstlich und beklommen zu sein, und unmittelbar nach dem Ende seines Gesangs verschwand sie ins Farnkraut.

Während der gesamten Paarungszeit des Jahres 1930 sang und tanzte der männliche Vogel weiterhin zweimal täglich auf dem Geländer der Veranda. Anfang September begann er, seine prächtigen Schwanzfedern abzuwerfen. Während seine Federpracht zunehmend schwand, hörte er auf zu singen und nahm eine niedergeschlagene und ziemlich schwermütige Miene an. Eines Morgens fand Mrs. Wilkinson eine seiner beiden leierförmigen Federn auf ihrer Türschwelle. Der Vogel hatte sie offenbar dort ein paar Stunden früher (sie war noch feucht vom Tau) für seine Freundin als Abschiedsgeschenk hingelegt, denn sie sah ihn nicht mehr an diesem Tag – und auch nicht fast zwei Monate lang danach. Mrs. Wilkinson war eine ganze Weile recht betrübt, denn sie stellte sich vor, der Vogel sei von einem Unglück ereilt worden und sie würde ihn nie mehr wiedersehen. Nach Ablauf einer Woche jedoch erkannte ihr geübtes Ohr seine Stimme unter einer ganzen Menge anderer (seiner Art), die im Tal ihre Rufe ausstießen, und da sie erkannte, daß er noch lebte, war sie beruhigt und suchte nach einer genaueren Erklärung für seine Abwesenheit. Er mußte vielleicht Elternpflichten nachkommen oder möglicherweise empfand er Scham, sich ohne seinen wunderbaren Schwanz zu zeigen, auf den er (wie Mrs. Wilkinson schon lange zuvor herausgefunden hatte) maßlos stolz war. Durch diese Vermutungen getröstet, kam die Frau endgültig zu dem Schluß, daß ihr Freund eines Tages zurückkehren würde; und da es ihr Wunsch war, ihn zu überraschen und ihm zu gefallen, baute sie ihm eine bequeme kleine Plattform vor ihrem Wohnzimmerfenster und neben der Leiste des Verandageländers, eine Stelle, die sie immer vor allen anderen als eine Bühne für seine musikalischen Darbietungen bevorzugt hatte. Sie hatte mehr als einmal beobachtet, daß das Geländer der Veranda zu schmal war, um dem Vogel ein richtig bequemes Tanzen zu ermöglichen, und sie hoffte, daß ihre Bereitstellung eines größeren Podiums ihn zu einer Entfaltung seiner großen Talente befähigen könnte. Sie mußte bis Dezember warten, um ihre Zweifel zerstreut zu sehen. Am fünften Tag jenes Monats wurde sie unmittelbar nach der Morgendämmerung von einem lauten und anhaltenden Klopfen gegen die Fensterscheibe geweckt. »James ist zu mir zurückgekehrt«, war ihr sofortiger Gedanke. (Sie hatte schon vorher die Gewohnheit angenommen, den Vogel »James« zu rufen – nach dem Namen eines lieben menschlichen Freundes, der verstorben war.) Sie erhob sich rasch, eilte in ihr Wohnzimmer und öffnete das Fenster. Der Leierschwanz stand auf der Plattform, die sie für ihn gebaut hatte, und musterte sie höchst interessiert. Mrs. Wilkinson betrachtete ihn durch einen Schleier von Glückstränen. Bald darauf begrüßte sie ihn mit leiser und bebender Stimme. »Hullo, Boy!« sagte sie. »Hullo, Boy!« erwiderte der Vogel, und einige Augenblicke lang starrten die wiedervereinigten Freunde einander unverwandt an – durch einen Abstand von nicht mehr als drei Fuß getrennt. Mrs. Wilkinson vertraute dem Verfasser später an, daß sie sich danach gesehnt hatte, den zurückgekehrten Herumtreiber zu umarmen und zu küssen, aber ihre Angst, ihn zu erschrecken, war sogar größer als ihre Liebe, und sie blieb unbewegt wie eine Marmorstatue. Sie bemerkte, daß er während seiner Abwesenheit ein wenig größer geworden war. Sein Schwanzgefieder hatte sich erneuert, war aber erst halb entwickelt, und von all den Leier- und »Reiher«-Federn waren nur ein paar Zoll ihrer glänzenden Spitzen zu sehen, die aus dem Schutzkleid langer hellblauer, wie Pinsel vom Körper abstehender Schwanzflügelhüllen ragten. Urplötzlich breitete der Vogel seinen Schwanz fächerartig über seinen Kopf, und während er auf Mrs. Wilkinson zukam und sich ihr so weit näherte, daß sie ihn mit halb ausgestreckter Hand hätte berühren können, brach er in freudigen Gesang aus. Eine halbe Stunde lang unterhielt er die hingerissene Frau mit einer Fülle von Buschlandmelodien, wobei er all die entzückendsten Sänger des Waldes nachahmte und oft auch die erlesenen Liebesrufe seiner Gattung vortrug. Zu ihrem höchsten Erstaunen entdeckte sie, daß er sein Repertoire beträchtlich erweitert hatte und nun zu einer absolut getreuen Wiedergabe der Stimmen verschiedener Vögel imstande war, die er zuvor nie nachzumachen versucht hatte – vor allem des Wippflöters, der Glockenmeinate und der Erddrossel. Offenbar hatte er seinen Urlaub mit Gesangsübungen verbracht!

Da sie darauf brannte, »James« für die Freude zu belohnen, die er in ihr einsames Leben zurückgebracht hatte, kam sie (nachdem er nach unten ins Tal weggeflogen war) auf die Idee, ihn mit den Dingen zu füttern, die, ihrer Beobachtung nach, seine Lieblingsspeise waren. Deshalb nahm sie sich tagsüber von ihrer Routinearbeit frei und sammelte einen ganzen Vorrat köstlicher Käfer, die sie auf der Plattform ausbreitete, für den Fall, daß der Leierschwanz sie abends wieder besuchen sollte. Dann setzte sie sich in die Fensterecke ihres Wohnzimmers und erwartete sein Kommen. Unmittelbar vor Sonnenuntergang hörte sie »James« an der Veranda entlanglaufen, und einen Augenblick später sprang er auf die Plattform. Der Vogel schien einen Moment wie gebannt durch den Anblick einer so großen Auslage seines Lieblingsfutters. Aber anstatt sich an den Genuß des aufgetischten Festmahls zu machen, sträubte er sein Gefieder, richtete seine Haube auf und legte jedes erdenkliche Anzeichen von Empörung an den Tag. Begleitet von einem zornigen, schmetternden Ruf attackierte er die Käfer mit seinen kraftvollen Krallen, und in fünf Sekunden hatte er die Plattform leer gefegt. Dann breitete er mit einem weiteren lauten, wütenden Kollern seine Flügel aus und segelte ins Tal hinab in den Dschungel.

Mrs. Wilkinson, eine sehr feinfühlige Frau, gab keineswegs ihrer Phantasie freien Lauf. Sie spürte, daß die Annahme lächerlich war, der Vogel könnte gekränkt worden sein. Sie nahm lieber an, daß ihn irgend etwas, das ihr unbekannt war, betrübt und verstört hatte. Ein Zweifel blieb jedoch bei ihr, und eine Woche später wiederholte sie das Experiment. Diesmal war kein Irrtum mehr möglich. Der Leierschwanz verschmähte ihre zweite Gabe noch wütender als die erste, und er bestrafte sie damit, daß er mehrere Tage fernblieb. Mrs. Wilkinson erhielt bald einen weiteren Beweis dafür, daß die Freundschaft des Vogels rein geistiger Natur war. Anfang 1931 wurde sie von einer plötzlichen schmerzhaften Übelkeit befallen. Eines Abends fühlte sie sich beim Zubettgehen sehr elend, und nach einer schauderhaften Nacht stellte sie fest, daß sie zu schwach und krank zum Aufstehen war. Zur gewohnten Stunde seines ersten täglichen Besuchs hörte sie »James« mit seinem Schnabel an ihre Wohnzimmertür klopfen – das vereinbarte Zeichen für sie, auf die Veranda hinauszugehen und mit ihm zu spre

15

chen. Mrs. Wilkinson versuchte, sich zu einer Reaktion zu zwingen, doch war ihr derart übel, daß sie mehrere Stunden kraftlos dalag; und sie fragte sich zwischen den akuten Brechanfällen, wie lange es wohl dauern würde, bis ein Lieferant oder Nachbar käme, den sie um Hilfe bitten könnte. Sie sank schließlich in einen erschöpften Schlaf, um von seltsamen Kratzgeräuschen vor ihrem Schlafzimmerfenster geweckt zu werden. Sie währten mindestens eine Stunde lang fort, dann erschien plötzlich der Kopf ihres geliebten Vogels als Silhouette über dem Fensterbrett, und »James« begann für sie zu singen, wie sie ihn noch nie hat singen hören. Dieses entzückende Wunder heilte Mrs. Wilkinson wirksamer als dies alle Ärzte in der Hauptstadt vermöchten. Kurz darauf öffnete sie das Fenster und sprach mit ihrem Freund. Sie stellte fest, daß »James« unter ihrem Fenster eine Erhebung aus Gartenerde errichtet hatte, auf der er stehen, sie sehen und für sie singen konnte. Aber wie hatte er herausgefunden, wo sich Mrs. Wilkinson befand? Wie hatte er erfahren, daß sie krank und hilflos in einem Raum war, der weit von dem entfernt lag, in dem er sie sonst gesehen hatte? Und welcher Instinkt hatte ihn dazu gebracht, einen Hügel zu errichten, um sich so in ihr Blickfeld zu heben und sie dann zu ergötzen? Soll dies beantworten, wer es vermag! Der Verfasser begnügt sich damit, die Tatsachen zu berichten. Seit diesem Tag hat der Vogel weder jemals den Hügel benutzt, den er unter Mrs. Wilkinsons Schlafzimmerfenster errichtet hat, noch hat er einen weiteren Hügel derart dicht an dem Landhaus gebaut, und er hat sich auch an keiner anderen Stelle des Landhauses gezeigt als auf der Veranda und auf der Plattform vor dem Wohnzimmer der Frau!

Während des Jahres 1931 versäumte es »James« nie – außer bei ganz stürmischem Wetter –, zumindest zwei Stunden täglich bei Mrs. Wilkinson zu verbringen, und er errichtete an verschiedenen Stellen des Gartens sieben Hügel, auf denen er zu ihrem Vergnügen sang und balzte, während sie arbeitete. Recht oft brachte er sein Weibchen und sein erstes Küken mit, doch die beiden wagten sich selten in das kultivierte Gebiet und saßen gewöhnlich in benachbarten Bäumen, während »James« seinen Auftritt hatte.

Anfangs des Winters sah sich Mrs. Wilkinson veranlaßt, eine kranke Verwandte in Geelong zu besuchen. Sie war vierzehn Tage abwesend. Bei ihrer Rückkehr unterrichtete sie der Hüter ihres Hauses davon, daß »James« nicht ein einziges Mal vorbeigekommen sei und daß ihn auch niemand habe singen hören. Dennoch war Mrs. Wilkinson nicht beunruhigt. Sie sagte dem Haushüter: »Ich habe ihm gesagt, daß ich vierzehn Tage weg bin. Er wird mich morgen besuchen kommen.« Sie brauchte gar nicht so lange zu warten. Am selben Abend noch, während sie Tee zubereitete, erschien der Vogel auf seiner Plattform und verlangte lautstark nach ihrer Aufmerksamkeit. Die Frau war so entzückt, daß sie ihre gewöhnliche Rücksicht auf die unüberwindliche Furchtsamkeit des Leierschwanzes außer acht ließ, und zum erstenmal streckte sie ihre Hand aus, um ihre Zuneigung dadurch zum Aus-

17

druck zu bringen, daß sie ihn streichelte. »James« wich weder vor ihrer Berührung zurück noch flog er weg. Aber sein verzückter Gesang wurde sofort unterbrochen, und er verhielt sich so ruhig und angespannt und scheu, daß sie reumütig erkannte, welch große Belastung sie seinem Vertrauen auferlegt hatte, und sie beschloß, sich Derartiges nie mehr zu erlauben. Als sie ihre Hand ganz ruhig zurückzog, beobachtete er sie einige Augenblicke lang ängstlich; aber obwohl er bald seine Fassung zurückgewann, sang er an diesem Abend nicht mehr.

Später im Jahr wurde Mrs. Wilkinson von vielen Naturfreunden aus nah und fern besucht; sie hatten sagenhafte Geschichten von ihrer Freundschaft mit »James« gehört und waren begierig, selbst herauszufinden, was stimmte. Mrs. Wilkinson war jedoch anfangs nicht willens, ihren beharrlichen Bitten nachzugeben – da sie fürchtete, daß »James« die Anwesenheit von Fremden übel aufnehmen würde. Zu ihrem Erstaunen jedoch stellte sie fest, daß es der Vogel eindeutig genoß, vor einer Menge aufzutreten – vorausgesetzt nur, daß sie selbst unter den Zuhörern war und während seines Auftritts in Sicht blieb. Anfang Januar 1932 lud Mrs. Wilkinson den Autor und zwei weitere Freunde für ein Wochenende in ihr Landhaus ein. Leider stürmte es am Tag unserer Ankunft, und der Vogel tauchte nicht auf. Der folgende Tag jedoch begann heiter und ruhig, und bald nach der Morgendämmerung weckte Mrs. Wilkinson ihre Gäste mit der Mitteilung, daß »James« vom Tal her anfliege. Unter ihrer Regie setzten wir uns an das Fenster, das auf die spezielle Plattform des Vogels blickte, und lauschten seinen klangvollen Rufen, die näherzukommen schienen. Kurz darauf hörten wir ein Trappeln auf der Veranda, dann hüpfte der Vogel plötzlich auf die Plattform und starrte uns ins Gesicht.

»Hullo, Boy!« sagte Mrs. Wilkinson. »Du bist ein guter Junge, daß du so früh kommst. Ich möchte, daß du heute dein Bestes für uns gibst, denn ich habe diesen Leuten alles über dich erzählt, und obwohl sie zu höflich sind, dies zu sagen, meine ich nicht, daß sie mir irgendein Wort geglaubt haben.«

»Hullo, Boy!« sagte der Vogel. Eine Minute lang betrachtete er uns unausgesetzt mit wachsamer Anspannung, wobei er seinen Kopf mit unglaublich raschen, aber anmutigen Bewegungen ruckartig von einer Seite auf die andere schnellen ließ, doch ansonsten stand er statuenhaft still. Als er dann offenbar ein Gefühl der Sicherheit gewonnen hatte, bewegte er sich zur Mitte seiner kleinen Bühne und begann in aller Ruhe mit seiner Morgentoilette, wobei er seine Schwanzfedern dadurch putzte, daß er sie nacheinander von oben bis unten durch seinen langen Schnabel zog. Während er derart beschäftigt war, hatten wir Muße, ihn einer Prüfung zu unterziehen. Was mir an dem Vogel als erstes auffiel, war sein symmetrischer und wundervoll ausgewogener Körperbau. In seiner allgemeinen Gestalt (und auch in seiner Größe) glich sein Körper dem eines jungen Perlhuhns, eines Perlhuhns jedoch, das von einem langen und erstaunlich beweglichen Hals, einem schönen Kopf und

19

einem schwungvollen Schwanz (der fast doppelt so lang ist wie sein Körper) geziert wird, wobei das Ganze auf langen, kräftigen Beinen steht, die Spreizfüße mit stark bewehrten Krallen haben. Die Körperfedern hatten eine matte, dunkelbraungraue Farbe, die sich auf der Brust zu Grau aufhellte, aber zum Rücken hin und an den Rändern seiner sonderbar gerundeten Flügel zu einem bläulich schimmernden Sepiaton dunkelte. Ein runder, schwach ausgeprägter kupferfarbener Kragen umgab den oberen Teil seiner Brust. Die äußere Oberfläche seines Schwanzes – und nur diese war in diesem Augenblick für uns sichtbar – wies eine schwarz-braune Färbung auf. Sein Schnabel und seine langen, gut ausgeprägten Nasenlöcher waren pechschwarz. Seine großen und vorstehenden, äußerst glänzenden und klugen Augen waren von einem prächtigen purpurn schimmernden Schwarz. Seine breite, gerundete Stirn war von einer dunkelbraunen Haube geschmückt, die er nach Belieben aufrichtete. Der Putz des Vogels dauerte genau zwanzig Minuten. Als er abgeschlossen war, schritt er langsam und bedächtig in unsere Richtung bis zum äußersten Fensterrand und beehrte uns wiederum mit seinen schnellen, aufmerksamen Blicken, wobei er in einer Haltung dastand, die Flugbereitschaft zum Ausdruck brachte. Unvermutet sperrte er seinen Schnabel weit auf und gab ein leises Gluckern von sich, das rasch an Lautstärke zunahm, bis die Luft von dem vollkehligen Gelächter des Kookaburra (auch Lachender Hans) erschallte. Als der letzte Ton verklungen war, trat der Leierschwanz einen Schritt zurück, nahm eine straffere Haltung ein und hob plötzlich seinen wundervollen Fächerschwanz über seinen Rücken und seinen Kopf. Das herrliche Schauspiel schlug uns in den Bann. Einen Augenblick zuvor war sein Schwanz eintönig gefärbt erschienen, aber jetzt zeigte er viele leuchtende Farbtöne von Ebenholz und Bronze und Purpur. Nicht nur waren die prächtigen leierförmigen Federn äußerst vorteilhaft zur Schau gestellt, sondern auch die helle Unterfarbe der dünneren, drahtartigen Begleitfedern kontrastierte auf unvergleichliche Weise mit der dunkleren Oberfarbe. Die Spitzen dieser feineren Federn senkten sich wie ein silberner Vorhang über den Kopf des Vogels herab und schirmten ihn so vollständig von unseren Blicken ab. Während er sich hinter diesem schönen Vorhang verbarg, gab uns »James« das wunderbarste Konzert, das zu hören wir je das Glück hatten. In rascher Folge erbrachte er eine genaue und vollständige Nachahmung der Rufe und Lieder von mindestens zwanzig der berühmtesten Sänger des australischen Waldes. Die folgende Liste ist eine Abschrift der Notizen, die der Autor später zu diesem unvergeßlichen Morgen anfertigte:

1. Die australische Elster (*Gymnorhina hypoleuca*)
2. Eine Jungelster, die vom Elternvogel gefuttert wird.
3. Der Schwarzkopfwippflöter (*Psophodes olivaceus*)
4. Der Haubendickkopf (*Oreoica gutturalis*)
5. Das vollständige Lachlied eines Kookaburra, auch Jägerliest oder Lachender Hans genannt (*Dacelo gigas*)

21

6. Zwei unisono singende Kookaburras
7. Der Gelbschwanz-Rußkakadu (*Calyptorhynchus funereus*)
8. Der Helmkakadu (*Callocephalon fimbriatum*)
9. Der Rosella-Sittich (*Platycercus eximus*)
10. Der Schwarzkehl-Metzgervogel (*Craticus nigro-gularis* oder *C. torquatus*)
11. Der Rotlappen-Honigfresser (*Anthochœra carunculata*)
12. Der Goldbrust-Pitohui (*Colluricincla harmonica*)
13. Der Heidehuscher (*Hylacola pyrrhopygia*)
14. Der Streifenpanthervogel (*Pardalotus striatus*)
15. Der Rotstirn-Dornschnabel (*Acanthiza pusilla*)
16. Der Star (*Sturnus vulgaris*)
17. Der Goldbauchschnäpper (*Eopsaltria australes*)
18. Der Ockerbauch-Dickkopf (*Pachycephala pectoralis*)
19. Ein Schwarm von Sittichen, die im Flug flöten.
20. Der Penant-Sittich (*Platycercus elegans*)

Über die oben genannten hinaus imitierte er noch mehrere andere Vögel, deren Melodien wir nicht identifizieren konnten, und er gab zudem die von einer Steinzerkleinerungsmaschine und einem hydraulischen Widder verursachten Geräusche wieder, wie auch Autohupen. Der von ihm am meisten wiederholte Ruf – es schien sein Lieblingslied zu sein – war der des Schwarzkopf-Wippflöters, und er trug das langgezogene, klangvolle Sausen des Vogels, das mit einem schallenden Knall endete, mit vollendeter Kunstfertigkeit vor. Für den Autor war der erstaunlichste Programmpunkt dieses Konzerts die Nachahmung der Honigfresser, kleiner Vögel mit zarten Stimmen, die sich in großer Zahl im niederen Gebüsch sammeln und in mannigfachem süßen Geflüster »tschilpen« und zwitschern. Um ihren Gesang getreulich wiederzugeben, mußte »James« seine kraftvolle Stimme zu dem leisesten *pianissimo* senken, aber es gelang ihm dennoch, jeden einzelnen Ton des zarten Chores deutlich hörbar zu machen.

Als er schließlich des Nachahmens müde war, begann er, zu einer ganz eigenen geisterhaften und beschwingten Musik zu tanzen. Indem er mit regelmäßigen Schritten und rhythmisch schwingenden Bewegungen des Körpers vortrat und zurücktrat (immer sein Publikum anblikkend), wob er auf der Plattform ein fremdartiges Muster mit seinen Füßen, die er in periodischen Abständen nach Art menschlicher Tänzer kreuzte, bis zum Höhepunkt des *pas seul* – drei schnelle Schritte, die im Zeitraum zweier laut schallender Taktschläge seiner Melodie vollendet wurden, dann ein jähes dramatisches Innehalten, eine Stille, während der sich sein prächtiger Schwanz langsam senkte. Dreimal tanzte er für uns, wobei er die Darbietung kein einziges Mal um ein Jota variierte oder einen Ton seiner Zaubermusik veränderte. Dann schaute er uns ein paar Sekunden lang mit einem kecken Seitenblick an, gähnte uns mit weit aufgerissenem Schnabel ins Gesicht und hüpfte auf die Veranda hinab.

Sogleich beschworen wir Mrs. Wilkinson mit eifrigem Geflüster, den Vogel, wenn möglich, zurückzurufen. Das war unverschämt von uns, denn »James« hatte uns schon dreiundvierzig Minuten lang unterhalten; aber wir waren eine betörte und unersättliche Bande. In ihrer großen Gutmütigkeit willigte Mrs. Wilkinson ein. Sie bat uns, auf unseren Plätzen zu bleiben, ging auf die Veranda hinaus und sprach mit dem Vogel, der schon begonnen hatte, im Garten nach seinem Frühstück zu scharren; und sie redete ihm so zu, wie dies eine Mutter mit ihrem Kind getan haben mochte, die es bittet zurückzukommen und wieder zu singen. »James« beachtete sie einige Augenblicke lang nicht, aber sie flehte ihn weiter an, und bald, da er ihren stürmischen Bitten nicht widerstehen konnte, kehrte er langsam und widerstrebend zu seiner Plattform zurück, wo er uns eine weitere kurze, aber wunderbare Vorstellung bot, und dann machte er sich endgültig davon.

Ein fast literarischer Bericht von jenem wundervollen Morgen wurde unter dem Titel »A Miracle of the Dandenongs« am 13. Februar 1932 in *The Age* veröffentlicht und in der Folge von *The Leader*, der Wochenzeitung desselben Besitzers, wiederabgedruckt. Der Artikel erweckte im ganzen Land Aufmerksamkeit – und zeitweise auch ein gewisses Maß an Skeptizismus – besonders in jenen Distrikten von Victoria und New South Wales, in denen es einst Leierschwänze in Hülle und Fülle gab und wo sie immer noch anzutreffen sind; und viele Korrespondenten, die in solchen Gegenden gelebt hatten und mit dem schwer faßbaren Wesen der Leierschwänze vertraut waren, äußerten kurzerhand die Meinung, daß die Geschichte nicht stimmen könne. Mrs. Wilkinson war dadurch gezwungen, den Umfang ihrer Gastfreundschaft auszuweiten, und seit Februar 1932 war »James« vor vielen Ornithologen und anderen wissenschaftlichen Beobachtern aufgetreten; er wurde auch bei mehr als einer Gelegenheit »gefilmt« und seine Stimme wurde im Radio übertragen. Viele Tausende Australier waren dadurch in die Lage versetzt, seine Kunst zu genießen, in seiner Schönheit zu schwelgen und seinem Gesang zu lauschen.

Die in diesem Buch enthaltenen Abbildungen* vermitteln nur eine undeutliche Vorstellung von der unvergleichlichen Schönheit des Leierschwanzes. Die mit freundlicher Genehmigung von Miss Una Riall abgedruckte Silhouette wurde bei einer seltenen Gelegenheit aufgenommen, als »James« eine seiner frühmorgendlichen Vorstellungen auf seinem Podium bei Mrs. Wilkinsons Landhaus gab. Es ist von höchstem Interesse, da es wahrscheinlich das erste jemals aufgenommene Bild ist, das den Leierschwanz in seiner höchst charakteristischen Haltung beim Singen getreu wiedergibt. Obwohl das Photo wegen des Dämmerlichtes und der Bewegungen des Vogels in einem gewissem Grade unscharf ist, ist es dennoch ein lebendiges, wenn auch schattenhaftes Ebenbild.

---

* Wegen ihrer Unschärfe empfahl es sich nicht, die Photos des Originalbuches in unsere Ausgabe aufzunehmen, zumal inzwischen bessere Aufnahmen zur Verfügung stehen. (Anm. d. Herausgebers)

Es gibt kein Geschöpf, von dem schwieriger eine deutliche Photographie zu machen ist als vom Leierschwanz, denn er wird nicht nur selten an anderen als geschützten, von starken Licht- und Schattenflecken beherrschten Plätzen auftreten, sondern er hält auch selten wirklich still, und wenn er singt und tanzt, schütteln sich seine Federn mit unglaublicher Geschwindigkeit und erzeugen einen Schimmer, in den die Kamera keine Schärfe bringen kann. Viele Berufsphotographen haben sich seit einigen Jahren bemüht, vollkommene Porträts des Leierschwanzes in seinen eigentümlichen dramatischen Haltungen zustande zu bringen, doch waren sie nie ganz erfolgreich. Die Aufnahmen, die Mr. Lewis von »James« und Mrs. Wilkinson gemacht hat, sind höchst interessant und schön, und es sollte erklärt werden, daß sie Schnappschüsse in Momenten sind, als die Aufmerksamkeit des Vogels plötzlich gefesselt war und er für einen Augenblick absolut still hielt. Die Photographien von Mr. Lewis sind das Ergebnis unzähliger Besuche und monatelangen beharrlichen Bemühens und einer fast übermenschlichen Geduld.

Kap.  **2**

Leierschwanzkunde

Der Verfasser, der seit Januar 1932 mit Mrs. Wilkinson und vielen Ornithologen und erfahrenen Beobachtern an einer Studie über die Lebensweise der Menura zusammengearbeitet hat, fügt die im folgenden vorgelegten Aufzeichnungen sorgfältig überprüfter Tatsachen dem dürftigen Bestand der bisher dokumentierten wissenschaftlichen Kenntnisse hinzu.*

Das Nest des Leierschwanzes ist ein unregelmäßiger und kraftvoller Bau aus Zweigen und Stengeln, die mit langen, dünnen faserigen Wurzeln gekonnt verwoben sind; und so bilden sie die behagliche, vor Regenwasser sichere Umfriedung einer Kammer, die mit Daunen warm gefüttert ist. Das Nest wird gewöhnlich etwa vier Fuß über dem Boden zwischen den Stämmen von zwei oder drei dicht beieinander wachsenden jungen Bäumen oder in einem hohlen Baumstumpf oder unter einer vorragen-

* In einem Appendix wird der heutige Wissensstand referiert. (Anm. d. Herausgebers)

den Felswand gebaut; und es ist immer so angelegt, daß es auf der Rückseite keinen Schutz braucht und nur vom Eingang her angreifbar ist. Das Weibchen geht mit dem Kopf voran in das Nest hinein, dreht sich dann um und wendet sein Gesicht der Außenwelt zu, wobei es seinen Schwanz längs des Rückens und über diesen legt, aber immer leicht schräg zu einer Seite – eine Angewohnheit, die den Schwanz etwas schief wirken läßt, wenn die Henne das Nest auf der Suche nach Futter verläßt. Sie legt in jeder Fortpflanzungsperiode ein einziges Ei, und während sie auf dem Ei sitzt, ist sie andauernd der Öffnung zugewandt. Das Ei ist purpurgrau und hat dunklere purpurne und braune Flecken. Es mißt etwa 2½ Zoll in der Länge und 1⅝ Zoll in der Breite. Die Brutperiode beginnt Anfang August, und das Küken schlüpft Anfang September. Bei seinem ersten Erscheinen ist das Küken fast völlig unbefiedert und hat nur ein paar spärliche Büschel dünner, haarähnlicher Federn. Einzig die Vogelmutter kümmert sich um das Brutgeschäft und die anschließende Pflege des Kükens in seiner frühen Kindheit. Der männliche Vogel hilft nicht einmal beim Nestbau. Seine Aufgabe ist es, die Henne zu unterhalten und zu belustigen, wenn sie das Ei bebrütet. In Sichtweite jedes Nestes trifft man gewöhnlich mehrere Erdhügel an; und auf diesen singt und tanzt der Hahn in regelmäßigen Abständen während der ganzen Brutperiode. Wenn das Nest vom Menschen nicht gestört wird, benutzen es dieselben Vogeleltern Jahr für Jahr. Hat die Menura-Henne den Bau ihres Nestes abgeschlossen, befestigt sie oftmals (und dies ist eine Tatsache, die mehr als beiläufiger Betrachtung wert ist) mehrere Zoll über der Öffnung einen einzelnen langen und schmalen Streifen von Eukalyptusrinde, der nur leicht geneigt und fast horizontal über die Vorderseite und Kuppe des Baus verläuft. Der Zweck dieser kuriosen und gänzlich unschönen Dekoration besteht darin, das Nest vor der Entdeckung von oben durch Raubvögel zu bewahren. Adler und Habichte, die hoch über dem Wald gleiten, können rasch die gerade Linie der strohfarbenen Rinde erkennen, doch wird ihre Aufmerksamkeit genau aus diesem Grund leicht von der Untersuchung der gerundeten Umrisse des darunterliegenden Nestes abgelenkt – und genau nach diesen Umrissen halten ihre scharfen Augen Ausschau. Schon von einer mittleren Höhe aus ist die einfache Tarnung der Menura erstaunlich wirkungsvoll. Der täuschende Rindenstreifen bietet eine fast so gute Deckung wie ein Dach. Es ist schon eine planmäßige Willensanstrengung nötig, um über ihn hinaus zu schauen.

Die Menura gehört nicht zu den Zugvögeln. Sobald sich zwei Leierschwänze gepaart haben, machen sie sich sofort auf die Suche nach einem Nistplatz, und von da an entfernen sie sich, außer durch zufällige Umstände gezwungen, nie weiter als 1000 Yards vom Nest. Sie sind monogam. Sie wechseln nicht ihre Partner, und für jedes einmal verbundene Paar führt die Paarung zu einer lebenslangen Gemeinschaft. Verpaarte Vögel sind selten getrennt zu sehen, und ihre ausgedehnte Hingabe an ihre Nachkommenschaft deutet auf einen »Familiensinn«

hin, für den ich (den Menschen ausgenommen) keine Parallele im Tierreich kenne.

Bisher ist sehr wenig anatomische Arbeit über den Leierschwanz geleistet worden. Sein Körperbau und seine besonderen körperlichen Fähigkeiten legen nahe, daß er eine vom Rest der gefiederten Gattungen gesonderte Klasse einnimmt. Seine Nachahmungsfähigkeiten zeigen jedoch an, daß er ganz und gar einzigartige Hör- und Stimmorgane besitzt. Er kann nach Belieben aus einem Klanggewitter einen einzelnen Ton isolieren und getreulich wiedergeben und kann gleichzeitig ein ganzes Konzert von Klängen und Geräuschen intonieren, ohne die Eigenheit jedes einzelnen Tones zu verwischen. Wenn er singt, ist sein Schnabel weit geöffnet, und die Musik strömt flüssig und mühelos hervor. Die meisten seiner Gesänge sind schön; allesamt sind sie heiter, und durch einen Zauber, den er beherrscht, übermittelt er den Herzen der Zuhörenden Fröhlichkeit. Es ist unmöglich, einen Leierschwanz singen zu hören und, während seines Gesangs, daran zu denken, daß es auch traurige Dinge auf der Welt gibt.

Im Alter von vier Jahren wird der Leierschwanz geschlechtsreif und paart sich. Bis zur Geschlechtsreife bleibt das Küken bei den Vogeleltern und wird weiterhin von ihnen (vor allem von der Mutter) beschützt und unterwiesen, und nach dem ersten Jahr begleitet es die Eltern bei ihren Ausflügen auf der Suche nach Futter. Bis zu einem Alter von fast einem Jahr entfernt sich das Küken jedoch selten vom Nest. Während seiner frühen

Kindheit ist das Küken mit einem langen, flauschigen Dunenkleid bedeckt. Federn entwickeln sich rasch, und im zweiten Jahr ist der Jungvogel vollständig befiedert, doch die prächtigen leierförmigen Schwanzfedern des Männchens erscheinen nicht vor dem vierten Jahr, wenn der Vogel erwachsen wird und das elterliche Gehege verläßt, um sich ein Weibchen zu suchen.

Als »Familienvogel« ist der Leierschwanz von Natur aus erstaunlich liebevoll zu all seinen Familienmitgliedern. In den fünf Jahren, während derer »James« beobachtet wurde, hat er fortwährend die zärtlichste Zuneigung zu seiner Partnerin gezeigt. Während des Jahres 1932 brachte er sein Weibchen häufig zu Mrs. Wilkinsons Garten mit, wobei er von zwei Küken begleitet war, eines offenbar ein Jahr älter als das andere. Henne und Küken halten sich nie nach Sonnenuntergang draußen auf. Das erwachsene Männchen hingegen zieht sich selten vor Einbruch der Dunkelheit zur Ruhe zurück und streift während der Dämmerungsstunden weiterhin umher und singt und tanzt ab und zu. Ich habe »James« mehr als einmal an Sommerabenden noch um acht Uhr auf seinem Podium auftreten sehen.

Die Paarungszeit beginnt im Mai und endet im August. Das Weibchen legt normalerweise nur ein einziges Ei und ist allein für das Ausbrüten und die Pflege des jungen Kükens verantwortlich. Zu Beginn der Paarungszeit baut das Männchen etliche »Balzhügel« und wirbt eifrig mit Gesang und Tanz um das Weibchen. Die Henne folgt dem Hahn auf Schritt und Tritt und beobachtet seine Darbietungen mit allen Anzeichen lebhaftesten Interesses. Gewöhnlich sitzt sie dabei in einem niedrigen Baum in einer gewissen Entfernung zu seinem Balzhügel. Wenn eine Darbietung zu Ende ist, machen sich beide Vögel auf Futtersuche; aber prompt beginnt der Hahn wieder zu singen, die Henne hört auf zu scharren und hüpft auf einen Ast, um ihren Gebieter besser sehen und hören zu können.

Von etwa Ende Juni bis Mitte Juli erfährt der Gesang des männlichen Vogels eine merkwürdige Veränderung. Während dieses Zeitraums werden seine Nachahmungsfähigkeiten selten ausgeübt, und er konzentriert sich auf die Wiedergabe seiner eigenen eigentümlichen Gesänge und Rufe und auf das lange, volle, trällernde Hochzeitslied seiner Gattung. Dieses Lied ist bei weitem der reizendste Programmpunkt in seinem gewaltigen Repertoire, und mindestens vierzehn Tage lang bemüht er sich alljährlich gewissenhaft um dessen Vervollständigung, singt es vom Morgengrauen bis zur Abenddämmerung wieder und wieder. Während dieses Zeitraums sind Männchen und Weibchen nie weit voneinander entfernt. Durch Wälder, Unterholz oder Farnkraut gehen sie auf einer festgelegten Runde von Hügel zu Hügel, und bei jedem Hügel macht der männliche Vogel halt, um zu balzen und zu tanzen. Einige Naturforscher haben die Ansicht geäußert, das Liebeslied der Gattung Menura sei eine Bearbeitung der Gesänge des Kookabura (Lachender Hans) und der Drossel. Ausgedehnte Beobachtung von Leierschwänzen in den Hügelketten des Dandenong und in den Bergen von

Gippsland hat mich davon überzeugt, daß diese Ansicht irrig ist, denn alle tragen den gleichen Gesang vor. Überdies wird der »Stammes«-Gesang der Menura von jungen Männchen gesungen, bevor sie die Rufe anderer Vögel nachzuahmen beginnen. Wenn sie sich die Kunst der Nachahmung aneignen, werden die jungen männlichen Leierschwänze von den Vogeleltern geduldig unterstützt und unterwiesen, aber ich habe es noch kein einziges Mal erlebt, daß Vogeleltern ihren Kindern den »Stammes«-Gesang lehrten – der eine rein natürliche Begabung zu sein scheint.

Von Mitte Juli an wird der männliche Vogel nicht mehr von seinem Weibchen begleitet, das zu Hause bleibt und sich um das Ei kümmert. Der Hahn nimmt seine üblichen Runden wieder auf, und sein Gesang besteht nun vorwiegend aus Nachahmung.

Etwa Mitte August beginnt der männliche Vogel seine prächtigen Schwanzfedern abzuwerfen. Da man diese Federn nie offen im Wald herumliegen sieht, nimmt man an, daß der Vogel sie versteckt. Die kompletten Schwanzfedern eines Leierschwanzes wurden jüngst im Sherbrooke Forest von Mr. Harold Stott aus Melbourne unter einem Haufen von Gestrüpp und Laub entdeckt; aber möglicherweise ist der Vogel, dem sie gehört hatten, getötet worden. »James« hinterließ 1930 eine einzige leierförmige Schwanzfeder vor Mrs. Wilkinsons Türschwelle. 1931 ließ er beide auf gleiche Weise zurück. Die Federn von 1931 waren ein Zoll länger und ein Deut breiter als die Feder des vorangegangenen Jahres, und die Federn von 1933 waren ganze zwei Zoll länger als die von 1932. »James« ist jetzt vermutlich acht oder neun Jahre alt, aber obwohl er seit dem Beginn seiner Freundschaft mit Mrs. Wilkinson stetig an Größe zugenommen hat, ist er dennoch viel kleiner als etliche Vögel, die der Verfasser in den Schluchten von Sherbrooke gesehen hat. 1934 ergab sich keine Gelegenheit, die Federn von »James« zu messen, aber dem Augenschein nach waren sie länger und breiter als die vom Jahr zuvor; und wahrscheinlich wächst der Vogel immer noch.

Die Lebensdauer des Leierschwanzes ist geheimnisumwoben. Da es jedoch eindeutig bekannt ist, daß er vor einem Alter von vier Jahren nicht geschlechtsreif wird und er von da an mehrere Jahre lang an Größe zunimmt, ist es richtig anzunehmen, daß er ein beträchtliches Alter erreicht.

Das musikalische Repertoire des männlichen Leierschwanzes verbessert und erweitert sich mit dem Alter. Er ist ebenso Schüler wie Exponent der Gesangskunst. »James« überrascht seine Bewunderer andauernd mit neuen und unerwarteten Nachahmungen. Im Mai 1933 imitierte er zum erstenmal eine Katze und einen Hund, und er ahmte auch die Stimmen von zwei Holzspaltern nach, die er offenbar im Dschungel hatte miteinander reden hören (einer von ihnen hatte einen Unfall gehabt). Beim Imitieren des Hundegebells sträubte »James« alle seine Federn und schien äußerst zornig und empört zu sein – womit er andeutete, daß der von ihm nachgeahmte Hund ihn angegriffen hatte.

Die ersten Federn, die der männliche Vogel in der Mauser abwirft, sind zwei zarte, schmale, drahtartige, leierförmige Federn, die, bei ausgebreitetem Schwanz, den Fächer überragen und die der Vogel während des Balztanzes immer in einem scharfen Winkel zu den Hauptfedern hält. Als nächstes werden die beiden breit gestreiften leierförmigen Federn, seine Hauptzierde, abgeworfen; und dann folgen die vierzehn »Reiher«-Federn, welche die Leierfedern zur Geltung bringen und den Fächer vervollständigen. Wenn die Mauser des Schwanzes abgeschlossen ist, kann das Männchen über einen Zeitraum von mehreren Wochen von einem flüchtigen Beobachter kaum von einem Weibchen unterschieden werden. Während dieser Periode führt der männliche Vogel ein mehr oder weniger zurückgezogenes Leben. Er entschwindet von seinen gewöhnlichen Aufenthaltsorten, und sein Gesang ist selten zu hören. Zwar besucht »James« selbst in dieser Zeit weiterhin Mrs. Wilkinson; aber er tanzt niemals und singt selten, und seine Besuche sind unregelmäßig und nicht sehr häufig. Zudem ist sein allgemeiner Ausdruck entschieden traurig und niedergeschlagen. Genaues und fortgesetztes Studium von »James« hat zu dem Schluß geführt, daß der Menura-Hahn ein höchst stolzes und eitles Geschöpf ist, das sich, wenn es seiner Pracht beraubt ist, beschämt und tieftraurig fühlt und am glücklichsten ist, wenn es sich versteckt hält. Die Erfahrung zeigt auch, daß der Hahn einen Großteil seiner »Ferien« mit der Erweiterung seines musikalischen Repertoires verbringt, denn wenn »James« von diesen

35

Erholungspausen zurückkehrt, ist er jedesmal fähig, die Gesänge von Vögeln zu imitieren, die er zuvor nie versucht hat wiederzugeben.

Im Oktober erscheinen allmählich die Federn der neuen Fortpflanzungsperiode. Als erste sind die beiden zarten, leierförmigen Federn zu sehen, deren Vorgänger als erste abgeworfen worden waren. Diese kommen tatsächlich manchmal zum Vorschein, bevor alle größeren Federn der alten Fortpflanzungsperiode abgeworfen wurden, und sie sprießen genauso wie gewöhnliche Federn. Die übrigen Schwanzfedern jedoch (insgesamt vierzehn) machen der Welt ihre Aufwartung im Kleid langer, hellblauer Hüllen, die bis zu einer Länge von mehreren Zoll wie Pinsel vom Körper abstehen und dem Vogel ein höchst eigentümliches Aussehen verleihen. Das Gefieder stößt schnell durch diese schützenden Hüllen und wächst über sie hinaus, bis die Federn etwa halb entfaltet sind; dann verschrumpeln die Hüllen und werden abgeworfen. Die Schwanzfedern dehnen und strecken sich weiterhin bis Dezember, wenn ihre Entwicklung abgeschlossen ist.

Gegen Ende Januar wirft der Vogel seine Hals- und Brustfedern ab, und, wenn diese durch neues Gefieder ersetzt sind, entledigt er sich seiner Kopffedern, so daß er ein paar Tage lang ohne seine schöne Haube erscheint.

Bis zum Februar ist er »voll bekleidet« und trägt das Gewand der neuen Saison; aber er muß sich noch einer abschließenden Veränderung unterziehen: Denn durch eine subtile Alchimie der Natur erhalten alle Hauptfedern allmählich einen schimmernden Glanz, so daß sie ihre ursprüngliche Mattheit verlieren und imstande sind, wie poliertes Metall Sonnenlicht zu reflektieren. Während dieses Vorgangs dunkeln viele Federn auf ihrer Oberseite und werden auf der Unterseite heller, während im Mai auf der Brust des Vogels, direkt unterhalb des Halses, ein kupferfarbener Streifen erscheint, der wie ein Kragen geformt ist und schwach glänzt. In diesem Stadium steht der Vogel in vollster Pracht und ist, als Sänger und Künstler, auf dem Gipfel seiner Fähigkeiten.

[Obige Notizen über die Mauser gelten insbesondere und vielleicht ausschließlich für die Leierschwänze von Victoria. Die Leierschwänze aus New South Wales sind kleiner als ihre Verwandten aus Victoria, und die Erfahrung von Mr. Jack Coyle aus Springwood (der vor etwa sieben Jahren ein Paar als Küken fing, die er mit Erfolg aufzog und die immer noch leben und offenbar ganz gesund und zufrieden sind) zeigt, daß bei ihnen die Mauser anders verläuft. Im Dezember 1934 besuchte ich Mr. Coyles Vogelhaus in Springwood und stellte fest, daß sein siebenjähriger Menura-Hahn seine Leierfedern noch nicht abgeworfen hatte und daß unter den großen Schaufedern neue Federn wuchsen, die schon fast so lang waren wie die letztjährigen Federn. Mr. Coyle teilte mir mit, daß dieser Vogel bereits im Alter von ein paar Monaten zu tanzen und leise zu singen anfing, aber nicht vor dem Alter von einem Jahr mit Nachahmungen begann. Der Erfolg, der Mr. Coyles Versuch beschieden war, die Leierschwänze derart lang in Gefangenschaft zu halten, verdank sich zwei Faktoren. Die Vögel wurden als Küken eingefangen, bevor ihr Wanderverhalten entwickelt war, und sind seit der Zeit unter ihren ursprünglichen Bedingungen (wenn auch in einem relativ kleinen Gehege) gehalten und ausschließlich mit natürlicher Nahrung versorgt worden.]

Die Verhaltensweisen des männlichen Leierschwanzes von Victoria werden durch den Zustand seines Schwanzes bestimmt; das heißt durch das Geschäft der Fortpflanzung. Unmittelbar nach Ende der Paarungszeit (jedes Jahr im September) setzt seine Mauser ein. Der Leierschwanz unterläßt seine gewöhnlichen Rundgänge und verbirgt sich im tiefen Dschungel, bis seine neuen Federn allmählich zum Vorschein kommen. Wenn das geschieht (im November), schöpft er Mut und Hoffnung und beginnt wieder, die Außengrenze seines Heimatterritoriums aufzusuchen und zu erkunden. Während der Entwicklung seines neuen Gefieders verbessert sich seine Stimmung, und seine Stimme erhebt sich oft zum Gesang. Im Mai, Juni und Juli ist er das fröhlichste Geschöpf auf Erden. Er baut zahlreiche Hügel, auf denen er während des ganzen Tages mehrfach balzt, fast immer von seiner Partnerin begleitet, der er eifrig den Hof macht, indem er unermüdlich seine erlesene Schönheit im Tanz zur Schau stellt und er sein Herz in endlosen liebreizenden Imitationen und in seinen eigenen bezaubernden Liebesliedern ausschüttet.

Die Leierschwanzhenne ist eine geschickte Nachahmerin und kann die Rufe vieler anderer Vögel imitieren.

Ihre Kunst ist jedoch der des Männchens weit unterlegen, und sie tanzt nicht.

Der männliche Leierschwanz ist ein beliebter Unterhalter des Waldes, der von anderen Sängern bewundert und gemocht wird. Der Verfasser hat oft eine Gruppe kleiner Vögel beobachtet, die der Darbietung des Leierschwanzhahnes aufmerksam zusahen. Wenn »James« sein Podium auf Mrs. Wilkinsons Veranda besteigt, muß er selten auch nur einige Minuten einer gefiederten Zuhörerschaft entbehren, und er ist derart eitel (oder möglicherweise gutmütig), daß er, nach dem Verlassen seines Podiums, unverzüglich im Garten seinen Gesang wieder aufnimmt, falls – wie es manchmal geschieht – seine weniger bedeutenden Brüder ihm folgen und eine Zugabe zu verlangen scheinen. Bei einer Gelegenheit war es dem Verfasser vergönnt gewesen zu sehen, wie eine Drossel und ein Fuchsfächerschwanz vor »James« losflitzten, als er seine übliche Bühne verließ, und sich auf dem ersten Rang der Gartenstufen niederließen – als ob sie ihn erwarteten. Als »James« sie sah, hielt er unverzüglich in einer Entfernung von weniger als einem Yard inne und begann, indem er seinen Schwanz aufrichtete, wie ein Engel zu singen – wobei er sie immerzu anschaute. Die kleinen Vögel waren offenbar bezaubert, und bis zum Ende der Darbietung gaben sie keinen Pieps von sich. Als die letzten Töne von »James« verklangen, flogen Drossel und Fächerschwanz vor ihm auf den dritten Stufenrang, wo sie sich niederließen und sich wieder umwandten, um ihn anzuschauen. »James« stieg in aller Ruhe auf den zweiten Rang, hielt inne, als sei er überrascht, und einen Augenblick lang starrte er stumm auf seine Satelliten. Dann richtete er wiederum seinen prächtigen Schwanz auf und sang zu ihrem Vergnügen; und wiederum lauschten Drossel und Fächerschwanz und schauten verzückt zu, bis die Darbietung endete. Das ereignete sich dreimal unter unseren Blicken, doch, nachdem der Sänger und sein Publikum im Buschwerk verschwunden waren, hörten wir »James« nochmals singen, und zweifelsohne hatte er wieder Zuhörer. Das war eine idyllische und unvergeßliche Erfahrung.

Die meisten herkömmlichen Abbildungen des männlichen Leierschwanzes stellen ihn mit senkrecht aufgerichtetem Schwanz dar, der sich im rechten Winkel zum Körper erhebt – genau wie beim Pfau.* Der lebende Leierschwanz stellt sein Gefieder nicht in einer solchen Weise zur Schau. Wenn er seinen reizenden Schwanz aufrichtet, erheben sich die Federn und breiten sich in einer einzigen schwungvollen Bewegung fächerartig aus, bis sie eine konstante Stellung in scharfem Winkel zu der Rückenlinie einnehmen, woraufhin die Spitzen aller Federn außer der fächerförmigen (die seitlich ausgebreitet bleiben), anmutig nach vorne und hinab sinken und den Kopf des Vogels teilweise vor dem Blick eines Beobach-

---

* Eine jüngste Ausgabe einer Commonwealth-Briefmarke zum Wert von einem Shilling ist ein Beispiel für den üblichen Fehler, auf den ich hingewiesen habe – nämlich den Leierschwanz in einer Haltung darzustellen, die er lebendig nie einnimmt.

40

ters abschirmen, der ihm auf gleicher Höhe gegenübersteht. Wenn er seinen Schwanz nicht zur Schau stellt, trägt der Vogel ihn durchweg wie einen geschlossenen Fächer waagerecht hinter sich her. Nur wenn er tanzen oder singen will, richtet er seinen Schwanz auf und breitet ihn aus.

Die Nahrung des Leierschwanzes besteht aus Schnekken, Tausendfüßlern, Weichtieren und den verschiedenen Würmern und Larven, die im Moderholz und zwischen Baumwurzeln und Büschen auf den Abhängen der Bergtäler und -schluchten anzutreffen sind. Der Vogel frißt nur lebendige Tiere und auch nur solche, die er selbst ausgegraben und gefangen hat. Er hat einen Heißhunger und, außer wenn er singt oder balzt, verbringt er seine Tagesstunden damit, unaufhörlich nach Nahrung zu suchen und zu scharren – von der es in seinem Habitat eine unerschöpfliche Fülle gibt. Seine Beine und Krallen sind so kraftvoll, daß er in der Lage ist, große Teile der äußeren Oberfläche halb vermoderter Baumstämme oder -stümpfe mit ein paar Hieben zu zerfetzen, und bei seinen Streifzügen durch den Wald hinterläßt er breite Streifen aufgewühlten Erdreichs.

Der Leierschwanz ist erstaunlich behende und rennt sehr schnell. Ich habe gesehen, wie »James« unter einem Baum verweilte, dann erreichte er plötzlich mit einem einzigen Satz einen Ast acht Fuß über der Erde – ohne irgendeine Bewegung der Flügel zu Hilfe zu nehmen. Der Leierschwanz fliegt selten, doch ist er ein vollendeter Segler und liebt es, abends in seine Heimatschlucht zurückzukehren, indem er sich von einer Erhebung stürzt und ins Tal gleiten läßt.

Die Schwanzmuskeln, mittels derer der Leierschwanzhahn seine prächtigen Schwanzfedern bewegt und dirigiert, müssen außerordentlich komplex und beweglich sein, denn er ist gleichermaßen in der Lage, jede seiner sechzehn »Schau«-Federn einzeln für sich in jede Richtung zu bewegen; oder alle sechzehn in Übereinstimmung miteinander zu bewegen; oder einige anzulegen, während die anderen aufgerichtet bleiben; oder alle mit einer einzigen Bewegung anzulegen. Wenn der Vogel balzt, demonstriert er gewöhnlich im Verlauf seiner Darbietung einige oder alle der oben genannten Fähigkeiten; und manchmal unterbricht er seine Stimmübungen, um Schwanzbewegungen auszuführen, die nicht von Gesang begleitet sind.

Die Vogelmutter füttert ihr Küken, indem sie das Futter – das sie in ihrem eigenen Schnabel hält – tief in den Rachen des Jungvogels hinabstößt. Das Auge der Vogelmutter muß bei diesem Vorgang vor der verderblichen Berührung mit dem harten, scharfen Schnabel des Kükens geschützt sein; und die Natur hat sie zu diesem besonderen Zweck mit einem kräftigen, hautigen Augenlid ausgestattet. Die Vogelmutter kehrt erst dann zum Nest zurück, um ihr Küken zu füttern, wenn sie genügend Futter gesammelt hat, um den Hunger des Jungvogels stillen zu können. Während sie das Futter sammelt, bewahrt sie es in ihrer Kehle auf, die auf ihrem Heimflug immer stark ausgeweitet ist; und fast jedesmal sind auch

Würmer zu sehen, die sie fest in ihrem Schnabel hält und die sich um ihr Gesicht ringeln. Die Würmer werden zuletzt gefangen. Die Mutter pflegt den Futtervorrat, den sie im Schnabel trägt, bei der Ankunft am Nest hervorzuwürgen und das Küken entsprechend einer geregelten Auswahl aus den Nahrungsangeboten zu füttern. Eine Reihe jüngster Beobachtungen hat den Nachweis erbracht, daß die Vogelmutter, falls sie bei ihrer Futtersuche einen Tausendfüßler gefangen hat, dieses häßliche und giftige Wesen jedesmal dem Jungvogel verabreicht, bevor sie ihm erlaubt, weichere Nahrung zu sich zu nehmen. Höchstwahrscheinlich hat der Tausendfüßler für den jungen Leierschwanz nicht nur einen nährenden, sondern auch einen medizinischen Wert.

Im Gegensatz zu den meisten anderen australischen Vögeln, die am frühen Morgen baden, badet die Menura jedesmal in der Abenddämmerung. Wenn sich der Abendschatten herabsenkt, können geduldige Beobachter sehen, wie die Leierschwänze von Victoria längs ihrer Reviergrenzen paarweise zu den Bächen und Wasserläufen hinabsteigen, um ihre Waschungen vorzunehmen. Jeder Vogel benutzt eine gesonderte Stelle tiefen und ruhigen Wassers. Die Badezeremonie ist höchst interessant: Die Vögel waschen sich gründlich, wobei sie zuerst ihre Schwänze eintauchen, dann ihre Rümpfe und schließlich ihre Köpfe. Zwischen jeder Prozedur liegt ein bestimmter Zeitraum, währenddem sie mit ihrem Gefieder flattern und so die Federn, die ins Wasser getaucht waren, trocknen.

Kap.  **3**

Ein einzigartiger Vogel

Niemand wird überrascht sein zu erfahren, daß all die großen Naturforscher, denen es als ersten vergönnt war, den Leierschwanz zu beobachten und zu untersuchen, bei ihrem Versuch patzten, ihm seinen passenden Platz im Vogelreich zuzuweisen. Latham reihte ihn, im zweiten Supplementband seiner *General Synopsis of Birds*, unter die Hühnervögel (*Galliformes*) ein. Vieillot brachte ihn bei den Paradiesvögeln unter, Wagler bei der Gattung der Großfußhühner oder Wallnister (*Megapodiiae*); und Huxley, Eyton und Newton gesellten ihn den Sperlingsvögeln (*Passereiformes*) zu.

Gould benannte zwar als erster die Spezies, aber Bonaparte kommt in den Genuß dieses Verdienstes, da seine *Genera Avium*, worin er Goulds Nomenklatur übernahm, die Veröffentlichung von Goulds berühmtem Supplementband vorwegnahm, der erst 1851 erschien. Bonaparte jedoch korrigierte nicht die Fehler seiner Vorgänger, und Sharpe kommt die Ehre zu, als erster das unanfechtbare Recht der Menura auf einen eigenen Ordnungsrang geltend zu machen und festzulegen.

Daß es richtig ist, dem Leierschwanz eine eigene, von anderen Vogelformen gesonderte Ordnung einzuräumen, ist von allen nachfolgenden Naturforschern anerkannt worden, und die erneute Bestätigung dieser Haltung durch eine so moderne und hervorragende Autorität wie Gregory Mathews (siehe seine *Birds of Australia*) hat die Frage für immer entschieden.

Die von Mathews übernommene Klassifizierung – die nun praktisch weltweit in Gebrauch ist – hat den Leierschwanz in der Ordnung *Menuriformes*, der Familie *Menuridae* und der Gattung *Menura* angesiedelt.

Im Südosten von Australien sind zwei erkennbar verschiedene Familien der Menura anzutreffen. Der Leierschwanz aus Victoria ist schöner und er unterscheidet sich von dem aus New South Wales hauptsächlich durch die breiteren und ausgeprägteren Markierungen seiner Schwanzfedern. Gould weigerte sich, auf solch dürftiger Grundlage die typische Ordnung in zwei unterschiedliche Spezies zu trennen, aber Mathews schlug 1916 »den kühnen Weg« ein (wie er es nannte) und teilte die Gattung Menura in nicht weniger als drei Subspezies auf: *Menura novae-hollandiae Latham*, New South Wales; *Menura novae-hollandiae Mathews*, New South Wales und *Menura novae-hollandiae victoriae Gould*, Victoria. Und er klassifizierte den nördlichen Vogel, der im Norden von New South Wales und im Süden von Queensland vorkommt, als eine eigene Spezies: *Harriwhitea Alberti*. Der Alberti ist offenkundig eine degenerierte Nebenlinie der Ordnung, und es kann nur wenig Zweifel daran geben, daß er mit Recht abgetrennt worden ist. Viele Ornithologen sind jedoch weiterhin nicht davon überzeugt, daß man Mathews unbedingt bei seiner Behandlung der *Menura novae-hollandiae* folgen muß, und sind der Ansicht, daß die oberflächlichen Variationen, die von Mathews festgestellt und betont werden, geographisch bedingten Veränderungen zugeschrieben werden können und nicht auf wirkliche Variationen im Typus schließen lassen.

Die von Mathews verwendeten hervorragenden und sorgfältig ausgearbeiteten deskriptiven Bestimmungen der vorherrschenden Spezies seien hier für Studenten angefügt, denen sein großes Werk vielleicht nicht zugänglich ist. Es sollte angemerkt werden, daß beide geschilderten Exemplare in Victoria gesammelt wurden.

Erwachsenes Männchen

»Kopf, Nacken, der gesamte Rücken und die oberen Flügeldecken dunkelbraun, etwas heller auf dem Rumpf, und mit grauer Tönung im Nacken; Afterflügel, Hauptdeckfedern und Außenfahnen der Hauptschwungfedern dunkelrotbraun; obere Hauptdeckfedern und alle Innenfahnen der Steuerfedern sealbraun (rötliches Gelbbraun); obere Schwanzdeckflügel gräulich olivbraun, die langen rostbraun; allgemeines Aussehen des Schwanzes oben schwärzlich, die Federäste lang und, außer am Ansatz und beim äußeren Federpaar, sehr grob zerzaust; die zentralen Federn bestehen hauptsächlich aus hornigen Schäften mit einer sehr schmalen Innenfahne, die sich

zu den Spitzen hin verbreitert; grob angeordnete kurze
haarartige Federäste stellen die Außenfahnen dar – und
sie werden zu den Spitzen hin länger und viel auffälli-
ger; einige der sublateralen Federn sind am Ansatz normal und ihre Äste sind in ihrer Textur ausgedehnter und
haarartig; die beiden äußersten haben normale Fahnen,
die äußeren schmale und die inneren breite; Außenfahnen und Spitzen schwärzlich, die mehr oder weniger zer-
zausten Ränder weichen zurück, die Spitzen nach außen
gebogen, schwarz, und sie nehmen mehr oder weniger
Spatelform an; die rostbraunen Einkerbungen (›Fenster‹) sind anscheinend durch Federäste gebildet, die der
Strahlen beraubt sind; die Seiten des Gesichts gräulich
braun; Kehle und Halsseite schokoladenbraun; Brust und
Bauch grau mit blasseren Rändern zu einigen Federn
des Bauchs hin, mit der Tendenz zu Kastanienbraun auf
den Schenkeln; untere Schwanzflügeldecken, Körper-
seiten, untere Schwingendeckflügel und Unterseite der
Steuerfedern gräulich braun; Untersicht des Schwanzes
silbergrau mit der Tendenz zu Weiß auf dem äußersten
Paar Federn, die breite walnußbraune Einkerbungen auf
den Innenfahnen haben und schwarz auf dem Spatel an
den Spitzen sind. Augen: haselnußfarben; Schnabel und
Füße: schwarz; kahler Ring um das Auge: bläulich. Ge-
samtlänge: 1070 mm; Zwischenkieferknochen des Ober-
schnabels: 35; Schwinge: 287; Schwanz: 670; Fußwurzel:
144. Abbildung. Gesammelt am 2. August 1914 in Selby,
Victoria.«

Erwachsenes Weibchen

»Kopfhaube, Gesichtsseiten und Nacken schwärzlich braun, letzterer mehr oder weniger grau getönt; obere Flügeldeckfedern und Rücken blasser, zu Walnußbraun tendierend mit einem Ockerton; Innenfahnen der letzteren schwarz, Außenfahnen der inneren größeren Deckfedern der oberen Schwingen und der innersten Nebenflügel ausgeprägt walnußbraun; Rumpf und obere Schwanzdeckfedern dunkelbraun; die Federn lang und flauschig mit sehr dünnen und schwachen Schäften, die langen oberen Schwanzdeckfedern rostbraun; Außenfahnen der Schwanzfedern bronzebraun, die Innenfahnen dunkler und zum Schwärzlichen tendierend, die Fahnen des zentralen Paars viel schmaler als die der seitlichen; Kinn und Kehle dunkelkastanienbraun; Rest der unteren Federdecke dunkelaschgrau, einschließlich der Deckfedern der Unterschwingen, viel blasser am After und dunkler auf den Schenkeln; untere Oberfläche der Steuerfedern blaßbraun; untere Schwanzoberfläche silbergrau mit Rostfarbe auf den Innenfahnen und an der Spitze einiger Federn, wobei die Rostfarbe auf einigen der Außenfedern die Form von Einkerbungen annimmt; diese ›Fenster‹ werden durch das Abschaben einiger der Strahlen auf den Federästen gebildet. Augen: haselnußfarben; Füße und Beine: schwarz; kahler Ring um das Auge: bläulich. Schwinge: 292 mm; Schwanz: 460. Abbildung. Gesammelt im Juli 1886 in Gippsland, Victoria.«

Gegen die vorigen Beschreibungen ist nichts einzuwenden, außer daß dem Auge der Menura »Haselnußbraun« zugeschrieben wird.* Ich habe viele lebende Leierschwänze nah genug gesehen, um mich vergewissern zu können, daß die Farbe ihrer glänzenden und leicht hervortretenden Augen nicht Haselnußbraun war, sondern daß sie – in jedem Fall – ein tiefes Pechschwarz mit purpurnem Schimmer hatten. Mr. Tregellas Beobachtungen stimmen mit meinen überein. Es ist möglich, daß die von Mathews beschriebenen Exemplare tot waren, als er sie untersuchte, und daß die Farbe ihrer Augen nach dem

---

* In einem Brief an den Verfasser beschreibt ein Freund, der ein wenig zum Geheimnisvollen neigt, die Augen des Leierschwanzes, den er in den Blue Mountains von New South Wales ganz aus der Nähe gesehen hatte, als »die Augen eines Genius«.

»Da ich weiß, daß deine Haltung wissenschaftlich ist und daher vorsichtig«, sagt er, »kann ich nicht von dir erwarten, daß du in deinem Buch feststellst, daß der Leierschwanz mehr als ein Vogel ist. Doch für mich lassen der wundervoll geformte Kopf, die ausdrucksvollen Bewegungen von Körper und Füßen und vor allem die kraftvollen und bezwingenden Augen – die Augen eines Genius – ihn überhaupt nicht als einen Vogel oder irgendein gefiedertes Geschöpf erscheinen. Er ist viel vollkommener eine Person als die meisten der Menschen, denen ich begegnet bin. Seine Aura ist die einer bezwingenden künstlerischen Persönlichkeit. In seiner Gegenwart hatte ich die gleichen Empfindungen wie wenn ich die Pavlova tanzen oder die Melba singen hörte. Er verkörpert ein altes Geheimnis. In seiner Gegenwart erkennt man intuitiv den *genius loci* des australischen Buschlandes, mit seinem ganzen magischen Wissen von Äonen, die verschwunden sind.«

Tod verblaßt war. Falls ich in dieser Vermutung fehlgehe, kann ich nur zu dem Schluß kommen, daß die von Mathews bestimmten Exemplare in diesem besonderen Punkt von der Norm abwichen.

Kap.  4

Die Intelligenz der Menura

Einen Schlüssel zur Psychologie des Leierschwanzes liefern der Charakter des Landes, das dieser geheimnisvolle und schöne Vogel bewohnt, und die Verhaltens- und Ausdrucksweisen seines Lebens. Von einem Kontinent, der mehr als drei Millionen Quadratmeilen umfaßt, hat er sich für seine Inbesitznahme einen schmalen Landstrich gebirgigen Buschlandes (längs der australischen Alpen) ausgewählt, der nur einen winzigen Bruchteil des Ganzen ausmacht; und aus den Grenzen dieses engen Gebietes entfernt er sich nie. Ihn als ein Wesen der Berge zu bezeichnen, erklärt ihn nur teilweise. Er ist gewiß ein Bergwesen, doch kann der größere Teil der hohen Bergketten, die sein Gebiet markieren und begrenzen, ihn nicht als Bewohner geltend machen.

Es gibt Hunderte herrlicher Gipfel und Bergsporne in den australischen Alpen, die ihn weder erlebt noch seinen Ruf gehört haben. Sein Geschmack ist so anspruchsvoll und entschieden und sein Wesen so verwöhnt, daß er selbst bei diesen schönen Bergen nicht aufhört, wählerisch zu sein, und es wäre Zeitverschwendung, ihn irgendwo anders zu suchen als an außergewöhnlich lieblichen und großartigen Plätzen. In Tälern, die von windschiefen oder verkümmerten Bäumen befiedert sind, ist er sehr selten anzutreffen, wie üppig auch immer die Dschungelflora in den tiefen Klüften wachsen mag; und Berge, die, obzwar dicht bewaldet, vom edleren Eukalyptus Australiens gemieden werden, die meidet auch die anspruchsvolle Menura. Die typische Heimat des Leierschwanzes ist dort, wo der riesenhafte *eucalyptus regnans* in hellen Scharen von den Rändern der Schluchten bis zu den Berggipfeln voranschreitet, sich majestätisch über allen niederen Gewächsen auftürmt, sie aber großzügig mit Raum versieht, damit sie unter dem Mantel seines Schattens gedeihen; dort, wo die massiven Berghänge mit Unterholz und kletternden Gräsern bedeckt sind; dort, wo die Schluchten von Schwarzholzakazien, Goldakazien, Myrten, Moschus-Reiherschnabel und Sassafras gesäumt sind und wo die funkelnden Bäche, die zu den Ebenen führen, fast immer unter den verschlungenen und glänzenden Massen prächtiger Baumfarne verborgen sind.

Es gibt viele solcher Plätze in den australischen Alpen, aber nicht alle werden vom Leierschwanz bewohnt. Er braucht immer noch etwas mehr; zwei Dinge mehr – einen Ausguck, der eine große Weite von Land und Himmel beherrscht, und einen Erdboden, der für das Wachstum duftender, blühender Büsche geeignet ist. Nur wenn all diese Bedingungen erfüllt sind, kann ein geduldiger Beobachter sicher sein, daß er nicht vergeblich darauf wartet, einen Leierschwanz singen zu hören. Ich bezweifle, daß irgend jemand eine Menura jemals außerhalb eines duftenden Waldhangs gesehen oder gehört hat, den natürliche Wachtürme schmücken, von denen aus die weitere Welt überblickt werden kann, oder jemals außerhalb einer dicht mit Farn bewachsenen, von Dschungel bedeckten Schlucht, die in Reichweite eines so angenehmen Tummelplatzes liegt.

Sobald ein junges Leierschwanzpaar solch eine Örtlichkeit entdeckt und in Besitz genommen hat, wird es sich unverzüglich niederlassen, um einen Haushalt zu gründen und dort bis zum Tod zu bleiben. Die erste Besorgung der Henne ist es, ein Nest zu bauen (das, bei gelegentlicher Wartung, Generationen lang halten wird), während ihr Gatte singt und tanzt, um sie zu unterhalten. Die erste Besorgung des Hahnes ist es, ein Futterrund zu schaffen – einen Kreis von nicht mehr als einer Meile Umfang, den beide Vögel von da an täglich auf der Suche nach Nahrung abschreiten, wobei sie selten oder nie die ausgewählten Grenzen übertreten.

Dies ist ihr exklusives Reich, und sollte ein anderer Vogel derselben Spezies eindringen, würde der Leierschwanzhahn als rechtmäßiger Besitzer den Eindringling angreifen und vertreiben; dieser zeigt manchmal Kampfgeist, wird aber jedesmal besiegt: wahrscheinlich ist er sich der verbrecherischen Absicht bewußt und kämpft daher nur halbherzig und zudem gegen einen Widersacher, der mit Rechtmäßigkeit bewaffnet ist. In der Regel ist der Eindringling ein junges Männchen, das aus dem elterlichen Domizil verbannt wurde und bestrebt ist, sich so nah wie möglich an seinem gewohnten Platz niederzulassen. Mit zunehmendem Alter entwickeln diese Vögel einen starken Sinn für Eigentumsrechte und soziale Verpflichtung und passen auf, daß sie nicht widerrechtlich die Reviere anderer betreten. Wenn sich Nachbarsfamilien begegnen (die Vögel treten in keiner Hinsicht gesellig auf, sind aber dennoch sehr sozial), dann tun sie das immer auf einem (oder nahe einem) Stück Niemandsland, das zwischen den Grenzen ihrer jeweiligen Territorien liegt (ich habe solche Konferenzen oft beobachtet); und sie legen beide ein freundliches Verhalten an den Tag, aber überschreiten nicht die Grenzlinien des jeweils anderen. Eine Ausnahme von dieser Regel ist von einigen scharfen Beobachtern bemerkt worden, namentlich von Mr. Tom Tregellas*, und zwar im Fall weiblicher Vögel während der Brutzeit. Zu dieser Zeit ist es Brauch, daß »sitzende« Hennen andere Hennen besuchen und von ihnen besucht werden, ohne daß die Männchen etwas daran auszusetzen haben. Mr. Tregellas war Zeuge mehrerer solcher ritueller Besuche, und er teilt mir mit,

---

* Zur Information von Naturliebhabern außerhalb Australiens sollte ich sagen, daß Mr. Tregellas (überall in Australien als »Tom Tregellas« bekannt) ein praktischer Naturforscher von ganz außerordentlicher Fähigkeit und Erfahrung ist, für den die Lebensformen der meisten unserer Waldbewohner ein offenes Buch darstellen. Mr. Tregellas hat viele Jahre lang hauptsächlich in einer kleinen Hütte gelebt, die aus einem gewaltigen hohlen Baumstamm bestand und im Herzen des Monbulk Forest lag, und

daß die Hennen dem offenbar ein großes Vergnügen abgewinnen und nach Herzenslust gackern und schwatzen.

*

Wenn sich zwei oder mehr Nachbarhähne auf den Grenzen ihrer jeweiligen Besitzungen treffen, ist es ganz üblich für sie, daß sie dem Spiel frönen. Ihr Lieblingsspiel gleicht ganz dem kindlichen (menschlichen) Spiel *follow-my-leader*. Die Vögel jagen dann einander über Felsen, unter Stämmen und um Bäume und Stümpfe, gackern klangvoll dabei und ergötzen sich offenbar mehrere Minuten lang an dem Tun und Treiben. Dann halten sie ohne einen ersichtlichen Grund jäh inne und treten in einen Schauwettstreit ein, wobei sie bis zur Erschöpfung singen und tanzen. Während dieser Wettstreite kommt jeder Vogel an die Reihe, und seine Darbietung wird von dem oder den anderen aufmerksam beobachtet, bis er aufhört, woraufhin er dem nächsten Darsteller die gleiche höfliche Aufmerksamkeit widmet, die ihm entgegengebracht wurde. Das gesamte Spiel wird in höchst freundlichem und freundschaftlichem Geist durchgeführt, und nie führt es zu irgendeiner Art Streit oder endet darin. Wenn die

somit nahe dem Kernland eines großen Leierschwanzgebietes. Unter diesen idyllischen Bedingungen hat er die letzten neunzehn Jahre seines Lebens dem ernsthaften Studium der Verhaltensweisen der Menura gewidmet. Ich möchte hinzufügen, daß ich seine Ansichten oft zitiert habe, weil ich zu diesem Thema keine Autorität kenne, deren Beobachtungen genauer und deren Schlußfolgerungen beachtenswerter sind.

Vögel auseinandergehen, zieht sich jeder sofort in seine eigene Besitzung zurück. Von Mr. R. T. Littlejohns, dem bekannten Ornithologen aus Victoria, habe ich die Mitteilung, daß er einmal Zeuge eines derartigen Spiels war, bei dem drei Hähne mitwirkten und das fast eine halbe Stunde dauerte. In ihrer gesamten Praxis haben Mr. Littlejohns und Mr. Tregellas nie einen männlichen Vogel erlebt, der auch nur einen Yard weit in das Territorium eines seiner Nachbarn eingedrungen wäre; und sie haben nie zwei Nachbarn miteinander kämpfen sehen.

*

Falls nichts dazwischenkommt, haben die Eltern im Laufe der Zeit eine Familie von drei Küken, jeweils im Alter von einem Jahr, von zwei und von drei Jahren. Wenn das älteste Küken vier ist und das Eintreffen des vierten Kükens erwartet wird, verstoßen die Vogeleltern den ältesten und nunmehr geschlechtsreifen Jungvogel aus ihrem Reich; und letzterer zieht los, um einen Partner und eine Heimstatt für sich zu finden. Er kehrt nie mehr zu dem Stammsitz zurück, und es ist offensichtlich, daß er in den meisten Fällen in eine beträchtliche Ferne wandern muß, da alle passenden Örtlichkeiten in der unmittelbaren Umgebung schon von anderen Mitgliedern der Spezies eingenommen sind, die durchaus nicht willens sind, ihre Besitztümer mit einem Fremden zu teilen. Die Beobachtungen vieler Naturforscher bestätigen diese Gesetzmäßigkeit, und Mr. Tregellas (der unzählige Küken beringt hat, um sie später identifizieren zu können) berichtet, es nie erlebt zu haben, daß ein geschlechtsreifer Leierschwanz nach seiner Abwanderung wieder in dem Gebiet aufgetaucht ist, wo er geboren und aufgezogen wurde.

*

Das häusliche Leben der Menura ist außerordentlich friedlich und liebevoll. Die Aufgaben des Mannes und der Frau sind klar definiert und werden als unausweichliche Verpflichtung akzeptiert und von beiden ohne Zank und Streit erfüllt. Der Frau fällt die gesamte Verantwortung für den Hausbau und die Sorge um die Nachkommenschaft zu. Die Pflicht des Mannes ist es, den Nahrungsvorrat – beziehungsweise den Landbesitz der Familie – vor Eindringlingen zu schützen und seine Frau und seine Kinder zu belustigen und zu unterhalten.

Während die Henne (in der Brutperiode) auf ihrem Ei sitzt, entfernt sich der Hahn selten weit vom Nest, sondern errichtet mehrere Hügel in unmittelbarer Nähe, und auf diesen singt und tanzt er in regelmäßigen Abständen – und hellt so das eintönige Tun der Henne auf. Es ist bemerkenswert, daß die Henne der Darbietungen des Hahns nie müde wird, sondern immer dafür sorgt, daß er ein aufmerksames und offenbar unersättliches Publikum hat. Während der Periode vorangehenden Brütens und später, wenn das Küken ausgeschlüpft ist, folgt die Henne dem Hahn auf seiner Futterrunde, und immer, wenn er die Nahrungssuche unterbricht, um zu singen und zu tanzen, hört sie auch zu fressen auf und schmeichelt ihm mit ihrer gebannten Aufmerksamkeit. Ist das Küken alt genug, um umherzustreifen, folgt es den Vogeleltern und wird ein weiterer verzückter Zuhörer der Kunst seines Vaters. Der Leierschwanzhahn verbringt sein Leben daher in einer Atmosphäre der Bewunderung und wird durch die anhimmelnde Haltung seiner Familie dazu angeregt, die Kunst, die sie so rückhaltlos und offensichtlich in den Bann schlägt, zu verbessern und zu vervollkommnen.

*

Bei der Arbeit, die Mentalität des Leierschwanzes zu analysieren, ist es angebracht, der Tatsache bewußt Beachtung zu schenken, daß der männliche Vogel während seiner Schwanzmauser einen Großteil seiner Einsamkeit mit dem Erlernen neuer Gesangsnummern verbringt, die er stolz zum besten gibt, wenn er, beim Erscheinen seines neuen Schwanzgefieders, seine gewöhnlichen Rundgänge wiederaufnimmt. Es ist auch wichtig, daran zu denken, daß der männliche Vogel nie mit einer fehlerhaften oder partiellen Wiedergabe eines Programmpunktes zufrieden ist, sondern fortfährt, daran zu arbeiten, bis er, durch andauerndes fleißiges Üben, perfekt ist. Da jede neue Saison durch eine deutliche Erweiterung des Leierschwanz-Repertoires und eine entschiedene Verbesserung seiner Technik gekennzeichnet ist, kann man den Vogel mit Fug und Recht als einen Studierenden von erstaunlicher Geduld und kritischem Urteil betrachten.

*

Der Menura-Hahn frönt gewöhnlich einem seltsamen Einsamkeitstrieb. Bei seinem ersten Tagesausflug zwischen Morgengrauen und Sonnenaufgang pflegt er ohne Begleitung zu sein. Es ist seine Angewohnheit, in dieser stillen Stunde einen hohen Aussichtspunkt anzusteuern und das liebliche Schauspiel, das er überblickt, sinnend zu betrachten. Oftmals habe ich »James« gesehen, wie er beim ersten Morgenschimmer auf seiner Plattform beim Landhaus von Mrs. Wilkinson erscheint und, mit allen Anzeichen tiefer Wertschätzung, still über die wellige Weite des Tals blickt, das sich bis zum Mount Arthur und zur fernen See erstreckt; dabei bleibt er so reglos wie das Holzgeländer, auf dem er sich niedergelassen hat. Ich habe erlebt, wie er diese statuarische Haltung gut fünfzehn Minuten lang beibehalten hat, und in der Regel dauert seine Entrücktheit an, bis ihn das Flöten einer Drossel oder das Lachen eines Kookaburra vom Aufgehen der Sonne unterrichtet. Er läßt dann seinen schrillen Ruf den Hügel hinab erschallen und beginnt bald seinen Arbeitstag mit einem Schwall erlesenen Gesangs. Seine Frau, die fernab im Dschungel ist, horcht auf und wird von den lieblichen Lauten zu ihm hingezogen, so, wie es den Stahl zum Magneten zieht. Wenn sie ihn schließlich zur Gänze sehen und hören kann, wartet sie auf sein erstes Schweigen, um ihren leisen, lieblichen Ruf, der ihm ihre Nähe ankündigt, verlauten zu lassen. Bei diesen Gelegenheiten schreckt »James« jedesmal auf, wie bei einer unerwarteten Aufforderung, und macht sich flugbereit; doch einen Augenblick später lockert sich seine angespannte Haltung, und bei dem nächsten leisen Ruf seiner Gefährtin breitet er rasch seinen Schwanz über seinen Kopf und, seines am höchsten geschätzten Publikums gewiß, singt er nun mit einer ganz und gar unbeschreiblichen Glut und, in der Paarungszeit, mit einer von Leidenschaft erhitzten Verzückung.

*

Dem Leierschwanz behagt dunstiges Wetter und er hat dann seine besten Auftritte. Wenn der Tag glühend heiß ist und ein Nordwind weht, hält er sich hingegen an die kühlen Zufluchten der von Farn bewachsenen Schluchten und gibt seine gewöhnlichen Rundgänge gänzlich auf. Aber wenn die Berggipfel wolkenverhangen sind und ein feiner Regen sacht auf den Wald nieselt, bricht er auf als überschwenglicher Abenteurer, und sein Gesang ist ein einziges fröhliches Jubeln der Freude. An solchen Tagen läßt er seine Hügel im Stich und wählt exponiertere Plätze für seine Darbietungen. Er benutzt seine Hügel hauptsächlich an heiteren, stillen, sonnigen Tagen, und sie werden immer an schattigen Orten errichtet.

*

Die Schönheitsliebe des Leierschwanzes zeigt sich im weiteren bei seiner Wahl von Sitzbäumen. Sein Lieblingsbaum ist die Schwarzholzakazie, deren dunkles, schattiges Blattwerk und deren anmutige Gestalt sie als eines der bezauberndsten Gewächse des australischen Waldes auszeichnen. Wenn jedoch die Goldakazie in Blüte steht, hält sich der Leierschwanz in den Stunden der Morgen- und Abenddämmerung gern zwischen ihren oberen Ästen auf. Man fragt sich, was ihn mehr verlockt — die leuchtende Farbe der Goldakazienblüte oder ihr betörender Duft? Meiner Überzeugung nach ist es bezeichnend, daß an allen Lieblingsplätzen des Leierschwanzes immer *sambucus gaudichaudiana*, der Weiße Holunder, anzutreffen ist (die am stärksten duftende einheimische Blütenpflanze) und daß dort auch der Moschusreiherschnabel und Sassafras, deren Blätter unaufhörlich berückende Düfte verströmen, in äußerster Hülle und Fülle gedeihen. Es ist meine persönliche Meinung, daß der Leierschwanz über einen hochentwickelten Geruchssinn verfügt, durch den er vor der Annäherung gefährlicher Tiere (wie Wildkatze und Fuchs, die übelriechend sind) gewarnt wird und sie so meiden kann; und der ihn andererseits zu Orten lockt und an Orte bindet, wo die Kräuter und Büsche Australiens wachsen, die den größten Wohlgeruch aufweisen. Mr. Tregellas, mit dem ich jüngst über diese Sache gesprochen habe, schließt sich uneingeschränkt dieser Ansicht an.

*

Das Familienleben des Leierschwanzes zeichnet ihn als eines der gelassensten und schätzenswertesten all der wildlebenden Geschöpfe aus, die der Mensch kennt. Seine monogame Lebensweise und seine lebenslange Treue zu seinem Partner deuten auf eine grundlegende Vorstellung von sozialer Tugend hin, und die Gültigkeit dieses

Eindrucks wird auf wunderbare Weise durch den gesetzmäßigen Instinkt bekräftigt, der diese Vögel veranlaßt, als Familien in begrenzten Gebieten zu siedeln und die eingerichteten territorialen Familienrechte des jeweils anderen zu achten. Wenn wir uns darüber hinaus daran erinnern, daß die Jungvögel für fast vier Jahre unter elterlichem Schutz bleiben, läßt sich schwerlich der Schluß vermeiden, daß die Menura über eine außerordentliche Mentalität verfügt. Bis dato ist kein anatomisches Werk über den Gehirnaufbau und das Nervensystem der Menura in Angriff genommen worden, und wir wissen gleichermaßen nichts über den Bau und die Struktur der Organe, die den Vogel befähigen, sowohl seine eigene liebliche Musik zu verströmen als auch jedes Geräusch, das er hört, wiederzugeben. Da wir immer noch gezwungen sind, ihn einzig durch seine oberflächlicheren Merkmale und die Untersuchung seiner Lebensweisen und Gewohnheiten zu beurteilen, ist es unmöglich, ihn vollständig zu verstehen, aber wir können dennoch ganz sicher sein, daß er eine hochrangige Intelligenz besitzt und es verdient, als eines der interessantesten und komplexesten lebenden Meisterwerke der Natur betrachtet zu werden.

*

Im Hinblick auf die monogame Lebensweise der Menura gibt es eine Frage, welche die Ornithologen lange beschäftigt hat, ob nämlich ein Vogel, der zufällig seines Partners beraubt worden ist, sich jemals einen anderen sucht oder nimmt. Diese Frage hat durch gewisse Beobachtungen von Mr. Tregellas im Monbulk Forest jüngst ein neues Interesse erlangt. Über einige Jahre hinweg sind vier männliche Vögel (allesamt geschlechtsreif und offenbar von fortgeschrittenem Alter) von ihm beobachtet worden; die Vögel leben anscheinend zusammen und werden nie von weiblichen Vögeln begleitet. Sie verhalten sich so duldsam und freundlich zueinander und ihr Gebaren zeigt so viele Aspekte, die eine Abweichung von der Norm zart andeuten, daß Mr. Tregellas (wie auch ich) zu der Ansicht neigt, daß sie alle Witwer sind, die nicht mehr heiraten wollen. Viele Beobachter glauben, daß Hennen, deren Männer zugrunde gegangen oder getötet worden sind, sich in tiefe Schlupfwinkel des Dschungels zurückziehen und im verborgenen bleiben, bis sie vor Einsamkeit oder Kummer sterben. Diese Ansicht gründet auf der Tatsache, daß man noch nie ledige erwachsene Weibchen angetroffen hat, obwohl die Aufenthaltsorte der Menura einer ausgedehnten Erforschung unterzogen wurden, die das Ziel hatte, etwas über den Verbleib verwitweter Vögel herauszubekommen.

Obwohl die Frage notwendigerweise erst dann abschließend beantwortet werden kann, wenn im Laufe der Zeit eindeutige Nachweise erfolgen, so hat sie doch derart pikante Züge, daß ich nicht umhin kann, sie der Aufmerksamkeit meiner Leser zu unterbreiten, in der Hoffnung, daß andere Naturforscher versucht sein könnten, bei ihrer Lösung mitzuwirken.

Die Tatsache, daß die Menura – eine archaische Vogelform, die nur in Australien vorkommt – die Jahrhunderte überlebt hat, obwohl sie vergleichsweise unfruchtbar ist, läßt eine Verbindung von außergewöhnlicher Intelligenz mit außergewöhnlicher Vitalität erkennen. Der Leierschwanz hatte in früheren Zeiten viele Feinde, grausame und schlaue. Der größte Feind unter ihnen war der Aboriginal, zu dessen Frühstück die Menura einen ausreichend großen und leckeren Happen lieferte. Daß es der Art gelang, dem verheerenden Wüten eines solch verschlagenen und geschickten Jägers standzuhalten, ist eine Tatsache, die dem Scharfsinn des Vogels beredte Anerkennung zollt. Wildkatzen, Schlangen, Leguane, Habichte, Eulen und Adler stellten die zerstörerischsten nicht-menschlichen Feinde der Menura dar. Ihren gewitzten, jähen und tückischen Attacken setzte der Vogel eine unglaubliche Behendigkeit entgegen, eine Raschheit der Bewegung, der das Auge selten folgen kann, ebenso eine Kraft der Krallen, die ihm in einem andernfalls ungleichen Kampf oft das Leben gerettet hat und die seinen Gegnern oft Unbehagen bereitet haben muß. Im Gefolge der europäischen Inbesitznahme von Australien wurde die Bedrohung durch den Aboriginal zurückgedrängt, und mit dem allmählichen Verschwinden der Wildkatze und der Schlange vor dem Vormarsch zivilisierter Besiedlung, verringerten sich die Gefahren erheblich, denen der Leierschwanz vorher ausgesetzt war. Leider wurden diese vorgeschichtlichen Gefahren bald durch andere ersetzt, die für den Vogel neu waren und außerhalb seiner Erfahrung lagen. Die Interessen der Viehzüchter legten die Axt an und ließen diese in den Wäldern wüten, und von Zeit zu Zeit überzogen sie die Berge mit einem Flammenmeer. Die fruchtbaren Täler und duftenden Hänge der Hügel, die dem Leierschwanz so lieb waren, lockten Legionen von Landwirten an. Langsam aber sicher wurde das für die Menura verfügbare Gebiet schmerzlich verkleinert, und um diese Unannehmlichkeiten zu vergrößern, trat der schlaue, blutdürstige europäische Fuchs auf den Plan – ein Import, für den wir als Nation äußerst beschämt sein sollten.

Inzwischen kommt der Fuchs im größten Teil des Menura-Gebietes in ganz Victoria und im südöstlichen New South Wales vor. Diese schlaue und hinterhältige kleine Bestie hat wahrscheinlich ebenso viele Leierschwänze vernichtet wie das Feuer und die Axt zusammen und stellt heute die ernsthafteste Bedrohung für das Überleben des größten Naturwunders von Australien dar. Es gibt jedoch einigen Grund zu glauben, daß der Leierschwanz die Fähigkeit entwickelt, diesem gefährlichen Schädling zu entrinnen und zu widerstehen. Vor einigen Jahren zum Beispiel hatte der Fuchs in den Dandenongs seine Baue gegraben und war recht häufig in den Wäldern von Sherbrooke und Monbulk und den Dschungeln von Ferny Creek gesehen worden, wo die Heimat von »James« liegt. Trotz seines schlimmen Wirkens bewohnt die Menura jedoch weiterhin diese Gebiete und dies, wie einige zuverlässige Beobachter glauben, in langsam steigender Zahl. Es gibt, ach!, allzu viele Beweise, daß die Füchse unablässig ihren Tribut von den Leierschwänzen fordern, aber offenbar sind die meisten erwachsenen Vögel des Geheimnisses mächtig geworden, wie die mörderischen Neigungen des Fuchses zu durchkreuzen sind. Und das ist in der Tat eine wunderbare Sache, denn fast jede Gewohnheit und jedes Verhalten des Leierschwanzes scheinen ihn zu prädestinieren, eine Beute dieses verstohlenen, auf leisen Sohlen schleichenden Fleischfressers zu sein. Da sich also der Leierschwanz in den Dandenongs eindeutig gegen den Fuchs behauptet, haben wir einen weiteren und höchst zufriedenstellenden Beweis für die Intelligenz und die Fähigkeit dieses erstaunlichen Vogels, schwer faßbar zu sein.*

Offensichtlich ist in erster Linie der Fortpflanzungs-

---

* Das Auftauchen des Fuchses in den Wäldern der Dandenongs und von Gippsland ist wahrscheinlich − in der Tat fast sicher − für eine auffällige Veränderung bei einer der am längsten bestehenden Verhaltensweisen der Menura verantwortlich. Vor dem Auftreten des Fuchses pflegte der Leierschwanz sein Nest auf der Erdoberfläche oder bloß in einer geringen Höhe darüber zu bauen. Es ist jedoch überall festgestellt worden, daß alle jüngst gebauten Nester, die in den genannten Gebieten beobachtet wurden, in viel größerer Höhe als normal und gänzlich unerreichbar für den neuen Feind des Vogels angelegt worden sind. Die während der letzten drei Jahre gebauten Nester liegen alle über 30 Fuß hoch, und ich kenne zumindest eines, das 60 Fuß hoch liegt. Solch ein Beweis für die wohlüberlegte Anwendung von Logik auf die Erfahrung ist zu bedeutsam, um außer acht gelassen zu werden, wenn man es unternimmt, die besondere Intelligenz der Menura einzuschätzen.

trieb für die besondere Aufteilung funktionaler und sozialer Pflichten verantwortlich, welche die Aktivitäten des Menura-Hahns und seines Weibchens bestimmen. Es ist das besondere und ausschließliche Los der Henne, das Nest zu bauen, das Ei zu bebrüten und auszubrüten und das Küken bis zur Geschlechtsreife zu füttern und zu umhegen. Es ist die besondere Aufgabe des Hahns, vor und nach der Paarungszeit mit unablässiger Beharrlichkeit um die Henne zu werben, sie zu erfreuen und zu bezaubern, während sie auf dem Ei sitzt, und danach seine Talente unaufhörlich für die Unterhaltung und möglicherweise für die Erziehung seiner Familie zu entfalten. Die Tatsache, daß der Hahn seine prächtigen Schwanzfedern unverzüglich dann abwirft, wenn das Küken ausgebrütet ist, und daß er, bis die Federn der neuen Fortpflanzungsperiode erscheinen (ein Zeitraum von zirka vier bis sechs Wochen), seine fröhliche Rolle als Künstler mehr oder weniger aufgibt und zu tanzen und zu singen aufhört, weist darauf hin, daß er für diese Fortpflanzungsperiode den Hauptzweck seines schöpferischen Wirkens erfüllt hat.

Der erstaunlich kurze Zeitraum zwischen dem Verlust seiner prächtigen Federzier und ihrem Wiedererwerb legt ein großes Bestreben seitens der Natur nahe, die Existenz dieser Spezies zu verlängern. Von da an bis zum Beginn der neuen Paarungszeit geht das gesamte Leben des männlichen Vogels in seiner Kunst auf, und seine Darbietungen zeigen einen entschiedenen und geordneten Fortschritt von einer vergleichsweise, oder teils, leichtfertigen Absicht zu einer gänzlich ernsthaften. Das Entzücken, das die Henne, in welcher Jahreszeit auch immer, an den Darbietungen ihres Mannes an den Tag legt, bedeutet bei ihr zugleich ein tiefes Bedürfnis nach dem Vergnügen, der Erregung oder dem emotionalen Stimulus, die ihr diese Darbietungen bereiten. Es ist möglich, daß die Menura-Henne in Vorzeiten fruchtbarer war als heute und ein Gelege von vielen Eiern hervorbringen konnte; und daß ihre Fortpflanzungsfähigkeit sich empfindlich verschlechtert hat. Daß sie sich heute (oder immer noch) verschlechtert, wird durch die Tatsache belegt, daß diese Vögel gelegentlich, obschon sehr selten, zwei Eier legen und auch gelegentlich, doch nicht so selten, eine Brutperiode gänzlich wegfallen lassen; und daß sie manchmal zwei Brutperioden in Folge auslassen. Wie lange diese Entwicklung schon in Gang ist, das ist eine interessante Frage, die wahrscheinlich durch anatomische Untersuchung leicht entschieden werden kann – eine Arbeit, die noch der Durchführung harrt. Für den Augenblick müssen wir uns mit dem Wissen begnügen, daß die heutige Menura-Henne im Durchschnitt nur ein einziges Ei per annum hervorbringt. Vom Standpunkt der Natur aus ist es daher von eminenter Bedeutung, daß diese dürftige Fähigkeit wirkungsvoll aufrechterhalten wird und die Befruchtung des einzelnen Eis gewährleistet sein sollte. Offenbar verfolgt die Kunst des Leierschwanzhahnes vornehmlich die Absicht, das Erreichen dieser Ziele zu sichern. Die Häufigkeit seiner Darbietungen (außer während der kurzen Zeit der Mauser) und sein Eifer beim

Zurschaustellen seiner Talente und seiner Schönheit enthalten mehr als einen bloß zufälligen Hinweis darauf, mit welchem Ungestüm hier zur Sache gegangen wird. Seine zunehmende Leidenschaft beim Nahen der Paarungszeit, die zusätzliche Pracht und Leuchtkraft, die sein Gefieder erlangt, und seine sich stets vergrößernde Konzentration auf die Wiedergabe seines eigentümlichen und betörenden Hochzeitslieds (zumindest vierzehn Tage lang hört er auf, andere Vögel nachzuahmen) bezeugen allesamt eine schwungvolle Vorwärtsbewegung auf einen festgelegten Höhepunkt hin – auf das Drama der Paarung. Während dieses geordneten Vorrückens zur Klimax hin rechtfertigen die unausgesetzte Leidenschaft des Hahns und die verzückte Hingabe der Henne an das Tun und Treiben ihres Gebieters die Ansicht, daß die weibliche Menura einen Prozeß funktionaler Wiederbelebung oder Entwicklung durchmacht und daß ihr Wesen jedes Atom des schöpferischen Stimulus benötigt, den die glanzvolle Kunst des Männchens erbringt. Ich habe bemerkt, daß nach dem Drama der Paarung (wahrscheinlich ein einzelner und nicht wiederholter Akt – eine Ansicht, die durch die Beobachtungen von Mr. Tregellas nachdrücklich unterstützt wird) beide Vögel unverzüglich eine weniger konzentrierte Haltung zueinander und zur Natur zeigen. Die Henne ist davon befreit, ihren Mann fast unausgesetzt zu begleiten, und sie verbringt einen Großteil ihrer Zeit damit, das Nest einzurichten und aufzuputzen; wohingegen der männliche Vogel nicht mehr unablässig das gattungstypische Liebeslied wiederholt, sondern seine alltäglichere Rolle als Tänzer und Imitator aufnimmt.

*

Der Leierschwanz hat – ganz abgesehen von seinen Nachahmungsfähigkeiten – eine umfangreiche Reihe ausschließlich eigener Rufe zur Verfügung – von denen einige der Konversation dienen.* Mehr als dreizehn unterschiedliche »Gesprächs«-Rufe werden laufend verwendet und sind notiert und interpretiert worden. Einige von ihnen sind befehlend, andere ermahnend – zum Beispiel die Rufe, welche die Vogelmutter an das Küken richtet – auf jeden von ihnen gibt das Küken unfehlbar eine jeweils andere geregelte Antwort. Dann gibt es Warnrufe, Rufe, die Aufmerksamkeit erheischen, Liebesrufe, Begrüßungs- und Abschiedsrufe und belehrende Rufe.

Einigen zuverlässigen Beobachtern (einschließlich Mr. Tregellas) war es vergönnt gewesen, über diese Rufe hinaus zufällig das murmelnde und »gackernde« Gespräch mitzubekommen, das Hennen führten, wenn sie während

---

* Geduldige Beobachtung hat deutlich gemacht, daß der Leierschwanz nicht bloß ein automatischer Imitator ist. Seine Kunst, obschon spontan, wird offenbar von seinem Bewußtsein geleitet und durch ein wunderbares »musikalisches Gehör« kontrolliert. Die Darbietungen eines jungen Männchens sind stets vergleichsweise grob und unfertig und seine Nachahmungen der Gesänge anderer Vögel unvollständig, unzusammenhängend und anderweitig fehlerhaft; aber sie verbessern sich Jahr für Jahr, bis sie schließlich so gut wie vollkommen sind.

der Brutperiode einander gelegentlich am Nest besuchten. Die Beweise dafür, daß Leierschwänze gewohnheitsmäßig und täglich Gedanken und Anweisungen einander mitteilen können und dies auch tatsächlich mit ihren Stimmen tun, sind überwältigend. Es folgt daraus notwendig, daß sie einen Verstand besitzen, der die Gedanken formulieren kann, die sie durch das Medium ihrer rudimentären Sprechfähigkeit mitteilen.

*

Erfahrung hat gezeigt, daß der Leierschwanz, wann immer er in seinem ursprünglichen Habitat – wie im Sherbrooke Forest in den Dandenongs – unter Schutz gestellt wird, sich rasch an die Anwesenheit menschlicher Besucher gewöhnt und aufhört, sie als Feinde zu betrachten. Er bleibt außerordentlich scheu und ausweichend und wird kein nahes Heranrücken dulden; doch wenn der Besucher sich damit begnügt, den Vogel aus einer geringen Entfernung zu beobachten, ärgert sich dieser nicht im geringsten über das Interesse, das er erweckt, offenbar willens, dies noch zu vergrößern, und er versäumt es selten, einen geduldigen und ruhigen Eindringling mit einer bezaubernden Zurschaustellung seiner Kunst zu ergötzen. Obwohl die Freundschaft, die sich am Ferny Creek zwischen »James« und Mrs. Wilkinson entwickelt hat, noch nirgends eine Parallele gefunden hat und immer noch als ein außergewöhnliches Ereignis betrachtet werden muß, gibt es keinen weiteren Beweis dafür, daß »James« ein außergewöhnliches Mitglied der

71

Spezies darstellt. Die Annahme ist daher berechtigt, daß der gewöhnliche Leierschwanz unter angemessenen Bedingungen in der Lage ist, in freundliche Beziehungen zum Menschen einzutreten. Die Verärgerung, die »James« bei jedem Versuch von Mrs. Wilkinson zeigte, durch Futterangebote um seine Zuneigung zu werben, demonstriert, wie immer dieses Verhalten gedeutet werden mag, eindrucksvoll das einzigartige Temperament der Menura. Ganz anders als bei allen anderen wildlebenden Geschöpfen kann die Freundschaft dieses Vogels nicht dadurch gewonnen werden, daß man an seinen Hunger appelliert. Die fortwährende Zuneigung von »James« für Mrs. Wilkinson steht nicht im geringsten im Verdacht, durch Zweckmäßigkeitserwägungen angeregt zu sein und beruht unverkennbar auf der Grundlage gegenseitiger Wertschätzung.

Eine Zusammenfassung

Wenn wir alle uns verfügbaren Fäden zusammenziehen, um uns einem Verständnis des Leierschwanzes anzunähern, müssen wir notgedrungen die Grauzone betreten, in der sich Intelligenz von Instinkt trennt und in eine, obzwar undeutliche, geistige Bewußtheit übergeht.

Wie wir gesehen haben, unterwirft der Leierschwanz sein Leben willentlich der Regulierung durch einen bestimmten Kodex leitender Grundsätze.

Er hat einen ausgeprägten Sinn für Eigentumsrechte und -werte.

Er achtet die Gebietsrechte seiner Nachbarn und verteidigt seine eigenen.

Er besitzt die Fähigkeit, Ideen durch eine Art von Sprache zu übermitteln.

73

Er ist monogam und seinem Partner unbedingt treu – offenbar sogar (obwohl das noch nicht abschließend festgestellt wurde), nachdem er seines Lebensgefährten beraubt ist.

Er hat eine tiefe Liebe zur Melodie, die er mit vollendeter Kunst und höchst gefällig zum Ausdruck bringen kann.

Er tanzt ganz reizend und begleitet seine Schritte mit einer seltsamen Feenmusik, die durch pochende, auf die Tanzschritte abgestimmte Taktschläge gegliedert ist.

Er wird unwiderstehlich verlockt, sich an äußerst entzükkenden und großartigen Orten aufzuhalten, die beständig von den angenehmsten Düften des Buschs erfüllt sind.

Sein Wesen ist liebenswert und freundlich und er ist entschieden sozial veranlagt.

Er ist zu treuer Freundschaft mit menschlichen Wesen fähig, aber seine Freundschaft kann nicht – wie die aller anderen wildlebenden Geschöpfe – durch Nahrungsangebote gewonnen werden.

Sein häusliches Leben ist beispielhaft und wird nie durch Gezänk verunstaltet.

Der Menura-Hahn ist ein fleißiger, eifriger und beharrlicher Schüler seiner Kunst.

Die Menura-Henne ist eine vollendete Architektin und in der Kunst der Tarnung bewandert – wie der Rindenstreifen bezeugt, den sie an ihrem fertiggestellten Nest befestigt.

Bei der Betrachtung so vieler Talente und Tugenden besteht die Schwierigkeit der Arbeit des Taxators weniger darin, die Menura an den ihr gebührenden Platz zu stellen, als eher die Neigung zu zügeln, sie allzu hoch zu heben. Klüger wäre es vielleicht, die Pflicht zur Beschlußfassung auf den Tag zu verschieben, wenn der Beobachter, der Naturforscher und der Anatom in der Lage sein werden, sich untereinander zu beraten, jeder mit dem vollständigen Wissen seines Fachgebiets ausgerüstet. Ich schlage vor, diesen Weg zu nehmen; aber ich kann mir dennoch die Meinung nicht verkneifen, daß die Menura nach der endgültigen Erledigung dieser Arbeit in der Wertschätzung des Menschen einen Rang über den Tieren einnehmen wird, die er jetzt für höchst bewundernswert hält und die er stillschweigend in seine biologische und geistige Gemeinschaft aufnimmt.

Ein Aufruf

Abschließend möchte ich es in aller Bescheidenheit wagen, ein Wort an die Schulkinder Australiens zu richten.

Jungen und Mädchen!
    Der Leierschwanz – die kostbarste, reizendste und wunderbarste natürliche Hervorbringung unseres wunderbaren und liebenswerten Landes – ist von Auslöschung bedroht. Der Mensch der vorigen Generation ist dafür sehr zu tadeln und sollte dafür büßen. Ach! er kann es nicht! Ihr und Ihr allein könnt den Leierschwanz von dem drohenden Schicksal bewahren, weil die Zukunft euch gehört, und ihr bald, sehr bald, die Verantwortung dafür tragt, das Land, das ihr liebt, zu leiten und seine schwindende Fauna vor der Vernichtung zu bewahren. Ihr werdet euch aufs beste ausrüsten, dann den Leierschwanz durch euer Tun zu retten. Schart euch in einem starken Bündnis junger Leute zusammen, die sich verpflichten, die Schlupfwinkel der Menura vor weiterer Ausplünderung durch Axt und Feuer zu schützen; ihre Reservate zu bewahren und auszuweiten; Übergriffe auf ihre Bergfestungen zu verhindern. Gelobt, euch vereint und entschlossen jeder Politik und Maßnahme zu widersetzen, die möglicherweise, direkt oder indirekt, das kleine und schmale Gebiet, das der Leierschwanz immer

noch einnimmt, schrumpfen lassen könnte! Gelobt und verpflichtet euch untereinander, das Töten oder Einfangen eines Leierschwanzes als ein schreckliches Verbrechen zu betrachten und den Mörder oder Fänger (oder Nesträuber) als einen Kriminellen anzusehen, der keinen Anspruch auf mitfühlende Duldung hat. Jungen und Mädchen, wenn Ihr dies tut, werdet Ihr über Australien mit einem Gefühl wachen, das stark genug ist, Euer Ziel des Schutzes zu erreichen. Und der Leierschwanz wird außer Gefahr sein!

AMBROSE PRATT

Appendix

Leierschwanz
Aus: H. R. Schinz, Naturgeschichte und Abbildungen der Vögel. 1830.
© Universitätsbibliothek Basel

Männlicher Prachtleierschwanz, posierend und singend
© Ian Montgomery

Balzender Leierschwanz
© age fotostock/SuperStock

Männlicher Prachtleierschwanz, Healesville Sanctuary, Victoria, Australien

Leierschwanz-Facetten

»Gibt es einen animalischen Narzißmus?«
JACQUES DERRIDA

»Nur das Beharren auf der Fremdheit der Tiere und
die Lust an ihr gibt uns die Möglichkeit, sie als
Kontur, in der Fülle ihrer Formenvielfalt
wahrzunehmen, ihre äußere Erscheinung (…)
und als Innengestalt, das heißt als das, was sie
von unserem eigenen Innenleben sichtbar machen (…)«
BRIGITTE KRONAUER

Fundevogel, Lesevogel

Von einem zauberhaften Buch, das er kürzlich entdeckt habe, spricht Elias Canetti in seinen Aufzeichnungen *Party im Blitz*. Die Entdeckung geschah im England der Nachkriegszeit und das Buch hieß *The Lore of the Lyrebird*, verfaßt vom australischen Autor Ambrose G. H. Pratt (es war 1933 in Australien erschienen und wurde dann bis 1947 etliche Male wiederaufgelegt). Es handelt »von einer Frau, die in der Wildnis mit einem Leierschwanz Freundschaft schloß, er kam für sie tanzen und singen.« Canetti schreibt von der Wirkung, die dieses Buch auf die durch den Tod eines engen Freundes betrübte Iris Murdoch hatte. Sie war bei Canetti zu Besuch gewesen und ihr Gesicht war »während dieser ganzen Zeit zum Weinen verzogen ...« Als er sich auf dem Bahnsteig von ihr verabschiedete, überreichte er ihr den *Lyrebird* als Geschenk und entschwand im Londoner Nebel. Nach einer Weile aber dachte er an ihr »schmerzverzerrtes Gesicht« und kehrte zurück, um sie beglückt im Buch blätternd vorzufinden. »Aus dem Trauer-Antlitz war ein Gesicht des Glücks geworden, von leichter Verwunderung übermalt, über dieses Buch. Welcher Dichter hätte sich nicht über den Vogel, der ein Dichter war, verwundert.«

Wie bezaubert wäre Iris Murdoch erst gewesen, hätte sie den Leierschwanz selbst singen gehört!

Golgol

Golgol hieß, laut Thomas Skottowe (ca. 1811), der Leierschwanz bei einem Stamm der Aborigines. Andere Stämme nannten den Vogel lautmalerisch *Beleck-Beleck*, *Bullan-Bullan* und *Buln-Buln*; auch die Bezeichnungen *Balangara*, *Woorayl*, *Wiwieringgere* oder *Weringerong* waren in Gebrauch (vgl. Reilly, S. 2; Chisholm, S. 52).

Der Leierschwanz war den Aborigines ein vertrautes Tier und wurde wohl auch von ihnen gejagt, verehrt und verzehrt. Aber obwohl sie alle Tiere des australischen Buschs viele Male in Felsritzungen verewigten, stellten sie Vögel selten dar. Vom Leierschwanz ist nur eine einzige Darstellung bekannt. Sie befindet sich in Duffy's Forest, knapp 30 Kilometer nördlich von Sydney gelegen. K. A. Hindwood besuchte die (bereits 1931 von W. J. Walton beschriebene) Stätte und berichtet davon (in: *Emu* XXXI, 1932). Die etwas mehr als lebensgroße Figur, die im Zusammenhang einer Essenszeremonie steht, soll einen auffliegenden oder aufspringenden Leierschwanz zeigen, der seinen Jägern entflieht. Oberhalb von ihm ein Bumerang und ein Schamschurz, dessen Fransen mit den Schwanzfedern des Vogels korrespondieren. Die Photographie, die Hindwood anfertigte, zeigt gleichwohl ein recht plumpes Geschöpf, das eher den Rumpf eines Wals hat. (Vergleiche Abbildung rechts)

Ob dieses fast völlige Fehlen von Darstellungen eher auf eine Geringschätzung oder eine gesteigerte Verehrung hindeutet, ist nicht bekannt.

Photo: K. A. Hindwood

Der Leierschwanz als Übersetzer

Immerhin spielt der Leierschwanz in einer Legende der Aborigines eine eminente Rolle.

In der »Traumzeit« (so besagt diese Legende) sprachen alle Tiere die gleiche Sprache und konnten sich daher

85

miteinander verständigen. Es herrschte eine Zeit der Fülle und des Friedens. Da trafen sich alle zu einem großen Fest, das zunächst friedlich verlief. Der Frosch, zu jener Zeit mit der schönsten Stimme aller Tiere ausgestattet, begann, die Stimmen anderer Tiere nachzuahmen, und tanzte mit dem eleganten Kranich. In seinem Übermut verhöhnte er den Wombat wegen seines plumpen, zum Tanz unfähigen Körpers und spottete über den flugunfähigen Emu. Eine Orgie gegenseitiger Verhöhnung setzte ein, die in Kampf und Krieg endete. Nur der Leierschwanz, in der Nähe dessen Territoriums das Treffen stattfand, beteiligte sich nicht an den Auseinandersetzungen, versuchte im Gegenteil sogar, Frieden zu stiften. Vergebens. Die Geister wurden schließlich auf den Tumult aufmerksam und verhängten zur Strafe eine Art babylonischer Sprachverwirrung über die Tiere. Jede Art hatte nun ihre eigene Sprache und konnte sich nicht mehr mit der anderen verständigen. Nur der Leierschwanz beherrschte die Sprachen aller anderen Tiere und konnte sie nachahmen. So wurde er zum Dolmetscher und Vermittler. Der Unruhestifter Frosch dagegen erhielt die häßlichste Sprache von allen.

Die »Entdeckung«

Vom Ex-Sträfling John Wilson, der Ende des 18. Jahrhunderts im australischen Busch mit den Aborigines gelebt hatte, gelangte 1797 erstmals die Kunde von einem »fasanenartigen« Vogel in die Welt der Weißen. Gouverneur Hunter, ein Vogelnarr, entsandte 1798 zwei Expeditionen ins südöstliche Australien, die nicht nur diesen sagenhaften Vogel, sondern eine noch sagenhaftere utopische Gemeinschaft von Weißen aufspüren sollte, eine Art Shan-gri-La. Letzteres wurde nicht gefunden, wohl aber das Tier. Am 26.1.1798 war es John Price, der buchstäblich »den Vogel abschoß«: »... ein Wildvogel von der Größe eines Fasans, doch gleicht sein Schwanz ganz dem eines Pfaus; er hat zwei lange, breite Federn, die weiß, orange und bleigrau sind und an den Enden schwarz; der Rumpf changiert zwischen Braun und Grün; er ist braun unter dem Hals und schwarz auf seinem Kopf. Schwarze Beine und sehr lange Krallen.« (Vgl. Smith, S. 2)

Zwei weitere Exemplare wurden erlegt und zusammen mit dem ersten nach England gebracht.

Kunstvogel

Als Generalmajor Thomas Davies 1799 Lady Mary Howe einen Besuch abstattete, erblickte er in ihrem Salon eines der ausgestopften Exemplare des »fasanenartigen« Vo-gels. Er witterte sofort eine Neu-Entdeckung, lieh sich den Balg aus, fertigte eine Zeichnung davon an und schickte sie samt einer Beschreibung der neuen Art an die *Linnean Society of London*. Dort durfte Davies 1800 seine Salon-Entdeckung vorstellen, und sein Beitrag wurde, zusam-men mit einem Farbstich des Tiers, 1802 in einer Schrif-tenreihe der Gesellschaft publiziert.

Davies hatte für das Wesen das Kunstwort *Menura su-perba* kreiert. *Menura* soll sich, nach der gängigen Inter-pretation, aus griechisch *menos* (mächtig, groß) und *oura* (Schwanz) zusammensetzen. Eine weitere Interpretation des Namens unterstellt ein griechisches Wort mit der Be-deutung »halbmondförmig«.

Den ersten Bericht über die Entdeckung des Leier-schwanzes hatte David Collins 1802 in seinem zweibändigen Werk *An Account of the English Colony of New South Wales* geliefert. Im Gegensatz zu Davies hatte sich Collins mehrere Jahre in Australien aufgehalten. Auch in seinem Buch findet sich eine Abbildung des Vogels, allerdings nicht wie bei Davies mit gesenktem Schwanz, sondern in der künstlichen Haltung des senkrecht aufgerichteten Schwanzes. Beide hatten wohl zwei verschiedene, unterschiedlich drapierte Bälge als Vorlage gehabt.

Schwankender Name

> Denn als GOtt der HErr gemacht hatte von der Erde allerley Thiere auf dem Felde, und allerley Vögel unter dem Himmel; brachte er sie zu dem Menschen, daß er sähe, wie er sie nennete: denn wie der Mensch allerley lebendige Thiere nennen würde, so sollten sie heißen.
>
> Genesis 2, 19 (Lutherbibel 1855)

Die Namensgebung *Menura superba* war zu Recht umstritten, und zahlreiche Zoologen (aus England, Frankreich und Deutschland) versuchten sich mit eigenen, oft abenteuerlichen Wortkreationen hervorzutun, die sich jedoch nicht durchsetzen konnten. Einzig die Attacke eines Armeegefährten von Davies, John Latham, konnte einen gewissen Erfolg erzielen, zumindest was den Namensanhang betrifft. Er suggerierte, bereits 1801 (also ein Jahr vor seinem »Kontrahenten«) einen anderen Namen publiziert zu haben, nämlich »M. N. Hollandiae, New Holland Menura«. Ein Datierungsschwindel (wie Chisholm nachweist, S. 47), doch entscheidend war, daß diesem G. M. Mathews 1919 in seinem Werk *Birds of Australia* aufsaß, was maßgeblich dazu führte, daß sich der Namenszusatz *novae-hollandiae* durchzusetzen begann und bis auf den heutigen Tag die Nase vorn behielt, wenn auch *superba* gelegentlich wieder auftauchte (so etwa 1841 bei John Gould, *Birds of Australia*).

Die Etablierung eines englischen Namens für den Vogel erwies sich als noch komplizierter und langwieriger. Zunächst blieb der ursprüngliche Eindruck des Fasans bestimmend; man nannte ihn »Native Pheasant«, »Wood Pheasant«, »Blue Mountain Pheasant«, »Botany Bay Pheasant«, »Lyre Pheasant«, »Lyre-tailed Pheasant«; auch gewisse Ähnlichkeiten mit Pfau (»Peacock-Wren«) und Paradiesvogel (»Parkinsonian Paradise-bird«, »New South Wales Bird of Paradise«) fanden ihren Niederschlag. Erst ab 1820 begann sich der Name »Lyrebird« durchzusetzen. R. P. Lesson schrieb 1828 in einem in Schottland publizierten Artikel, der Vogel sei »in den Einöden Australiens ein genaues Muster der harmonischen Lyra der Griechen.« (vgl. Chisholm, S. 53) Diese Lyra-Suggestion veranlaßte z. B. den Jäger J. D'Ewes (in *Shooting in both Hemispheres*) zu der Behauptung, wahrgenommen zu haben, wie »ein prächtiger Hahn mit aufgerichtetem Schwanz und einer Lyra, die jene Apollos in den Schatten gestellt hätte, aus dem buschigen Gras auftauchte und in den Dschungel davonschoß.« (vgl. Smith, S. 9) Der Wunsch war wohl hier Vater der Wahrnehmung, und der Jäger hatte das Tier schon in ausgestopftem Zustand vorhergesehen.

In Deutsch ist für *Menura superba*, neben dem unscheinbaren Namen Graurücken-Leierschwanz, auch Prachtleierschwanz gebräuchlich. Die französische Bezeichnung lautet: *ménure-lyre* oder *oiseau-lyre* (anklingend an »lire«: »lesen«).

Lyra

Das Bild des abendländischen Musikinstruments blieb schließlich an dem Vogel haften, wurde ihm aufgeprägt: sein Markenzeichen fortan. Seine »unrealistische« Darstellung mit senkrecht erhobenem Leierschwanz war, gestützt durch die entsprechende Präparation der Bälge, eine Zeitlang ikonographischer Standard. Erst etwa ein Jahrhundert nach der Benennung als »lyrebird« wurden die genauen Lebensumstände und Verhaltensweisen des Vogels erforscht und man entdeckte, daß sich der Schwanz des Vogels allenfalls für Sekundenbruchteile in der vermeintlich korrekten »Leierstellung« befindet. Dennoch ist die Übertragung des Leierbildes nicht gänzlich abwegig und allein schon der Form der beiden Außenfedern des Schwanzes geschuldet, unabhängig von der Position, die sie einnehmen.

Die Lyra wurde von Hermes, dem Götterbruder Apolls, gefertigt, wobei er den Panzer einer Schildkröte als Resonanzkörper benutzte. Er habe dieses Tier zum Singen gebracht, besagt der homerische Hymnos. Seine Musik betörte und entwaffnete den Hörer. »Hermes bleibt also auch als musischer Gott ein Gott der Diebe, nur in einer viel höheren, sublimierten Form. (...) Hermes hintergeht nicht mehr heimlich Menschen und Götter, sondern er wirkt dahin, daß sie ihre Kümmernisse vergessen.« (Zsolt Adorjáni)

Apollo besiegt mit der Lyra im musikalischen Wettstreit den Satyr Marsyas und gibt das Instrument an Orpheus weiter. Diesem gelingt es, mit seinem Spiel selbst die wilden Tiere in den Bann zu schlagen.

Der Vogel Leierschwanz ist Tier und Instrument in einem. Er bringt sich als Klang-Körper selbst zum Singen, ist sich selbst Orpheus, Instrument und bezaubertes Tier, das auch andere bezaubern kann.

Problemvogel (An elusive bird)

Das von Pratt mehrfach verwendete englische Adjektiv *elusive* bedeutet, im Hinblick auf die Bemühung des Naturwissenschaftlers, soviel wie »schwer faßbar, sich der Beobachtung entziehend«. Das zugrundeliegende lateinische Verb *eludere* kann sogar »verspotten« bedeuten und verweist in seinem Stammwort *ludere* auf das Spiel. Das mußte der große Ornithologe John Gould schmerzlich erfahren, als er um 1840 im Bergland Australiens die Lebensgewohnheiten von Menura zu erkunden suchte. Er schien es mit einem Phantom zu tun zu haben, das er allenfalls huschend zu Gesicht bekam.

Nicht nur verweigerte der Vogel seine Mitwirkung an der wissenschaftlichen Beobachtung, allein schon sein Vorhandensein stellte ein Problem dar, dem die taxonomische Wut der Zoologen nicht recht beikommen konnte. Zuerst versuchte man ihn den Fasanen zuzuordnen, dann den Hühnern, den Paradiesvögeln, den Wallnistern und den Sperlingsvögeln. Schließlich strich Gregory Mathews 1916 (in *Birds of Australia*) seine Einzigartigkeit heraus, indem er ihm eine eigene Ordnung (*Menuriformes*), eine eigene Familie (*Menuridae*) und eine eigene Gattung (*Menura*) zuwies (letztere spaltete er in drei Subspezies; eine nördliche Art taufte er *Harriwithea Alberti*). Für Ambrose Pratt war die Sache damit ein für allemal entschieden (S. 45). Doch unterschätzte er den Klassifizierungsdrang der Naturwissenschaftler. Inzwischen findet sich der Leierschwanz unter dem Dach der Sperlingsvögel (*Passeriformes*) wieder. Seit den 1980er

Jahren sind verstärkte Bemühungen der Zoologen im Gang, ihm mit zwei Arten des Dickichtvogels (*Atrichornes*) sehr fragwürdige Familienmitglieder beizugesellen (der erste Vorschlag dazu datiert schon ins Jahr 1875 zurück und findet sich in der *Encyclopaedia Britannica*). Diese Verwandtschaft leitet man recht künstlich aus der Ähnlichkeit von Krallen und Gefieder ab, während andere Merkmale und Verhaltensweisen stark abweichen. Pauline Reilly referiert recht ausführlich diese Ansätze, den Leierschwanz gattungsgeschichtlich einzuordnen. Das führt zu Verrenkungen wie dieser: »Die Gehörknöchelchen stellen keine taxonomische Hilfe dar. Ein Teil der Morphologie weist auf ein primitives Stadium hin, weil sie sich wenig von der bei vielen Gruppen von Vögeln und Reptilien unterscheidet, während ein anderer Teil der Morphologie auf ein fortgeschrittenes Stadium hinweist.« (Kap. X)

Trotz aller Unstimmigkeiten nimmt Reilly eine Verwandtschaft von Leierschwanz und Dickichtvogel an. »Sie sind höchstwahrscheinlich mit den Singvögeln verwandt, aber unverkennbar bedarf es weiterer Untersuchung, um ihre Übereinstimmungen deutlich zu machen.«

Chisholm hingegen bleibt skeptisch: »Wenn Leierschwanz und Dickichtvögel wirklich ›Cousins‹ sind (auch nur entfernte), muß ihr gemeinsamer Vorfahre vor ziemlich langer Zeit gelebt haben, denn der eine ist so groß wie ein Fasan und der andere, in starkem Gegensatz dazu, kleiner als eine Drossel, und der eine besitzt einen sehr dekorativen Schwanz, während der andere mit einem schlichten Schwanz nur dadurch Eindruck hervorrufen kann, daß er ihn (wie er es oft tut) senkrecht über dem Rücken aufrichtet.« (S. 74)

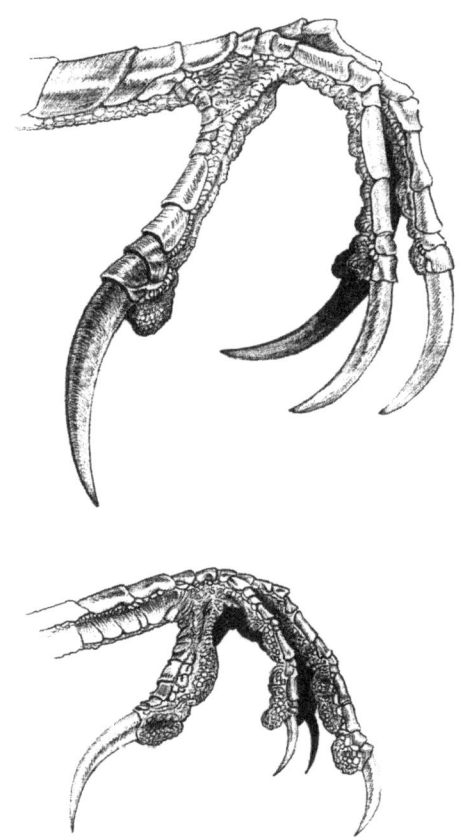

Kralle vom Prachtleierschwanz (oben) und Dickichtvogel (unten)
(aus: Reilly)

Ein einzigartiges Stimmorgan

Ob nun das Hörorgan des Leierschwanzes ein primitiveres oder fortgeschritteneres Stadium darstellt, scheint weniger wichtig als die Frage, wie er dazu in der Lage ist, eine derartige Vielfalt von Tönen, zum Teil simultan, hervorzubringen. Pauline Reilly, die sich auf die langjährigen Versuchsreihen von Norman Robinson stützt, gibt darauf eine teilweise befriedigende Antwort. »Der Gesang der Sperlingsvögel wird in der Syrinx hervorgebracht; sie liegt an der Verbindungsstelle der Luftröhre mit den Bronchien, wo die unteren Luftröhrenringe zu einer Art Trommel verschmolzen sind, die Schall erzeugt. Bei der Syrinx des Leierschwanzes sind die Luftröhrenringe nicht vollständig verschmolzen und daher ist sie einfacher als die der meisten Singvögel ...« (S. 38). Aber gerade diese größere Einfachheit ermöglicht eine komplexere Gesangsleistung. »Es scheint, daß sie dadurch erreicht wird, daß der Leierschwanz seinen Hals verbiegt, um die reflektierenden Eigenschaften der Luftröhre zu verändern und sie so wie eine offene Röhre wirken zu lassen.« So lassen sich auch die vielen Stellungsänderungen erklären, die der Vogel während seines Gesangs vollzieht und die von uns Beobachtern als »Tanz« interpretiert werden.

Reviere und Kämpfe

Die Reviergröße variiert, je nach Beschaffenheit des Geländes, von zirka 1 Hektar (in Tidbinbilla bei Canberra) bis zu 30 Hektar (in Sherbrooke Forest bei Melbourne). Auch die Weibchen haben Reviere, in denen sie z. B. Material für ihren Nestbau sammeln. Deren Territorien haben hauptsächlich nur während der Brutperiode Bedeutung. Außerhalb von ihr wandern die Weibchen mit ihren

Küken weiter umher und durchqueren unangefochten andere Reviere. Die Territorien der Männchen können sich über maximal sechs Hennenreviere erstrecken, die sich aber auch mit mehreren Revieren der Männchen überlappen können. Das gibt Gelegenheit zu mannigfachem »Verkehr«.

Die Hähne erweisen sich bei der Verteidigung ihrer Reviere nicht unbedingt als die Gentlemen, als die Pratt sie uns weismachen möchte. Es kommen die Schnäbel und scharfen Krallen zum Einsatz, und nach dem Gefecht bedecken Federbüschel den Kampfplatz. Auch die Weibchen verteidigen ihre Gebiete, wobei sie zumeist die Nester und Gelege anderer Weibchen zerstören, aber nur in seltenen Fällen gegen diese selbst vorgehen, wie es die Männchen tun.

Balztennen und -hügel

Leierschwänze werden wie Paradiesvögel, Laubenvögel, Kampfläufer und Schnurrvögel zu den Arenavögeln gezählt, was bedeutet, daß die Männchen spezielle Balzplätze anlegen. Der Leierschwanzhahn befreit zu diesem Behufe mit seinen scharfen Krallen auf einem schattigen Waldboden ein Areal von maximal 1,80 Meter Durchmesser von Pflanzen und Wurzeln und schüttet dort das Erdreich zu einer Erhebung (»mound«) von maximal 10–15 Zentimetern auf. (Berichte von meterhohen »Hügeln« gehören in den Bereich der Legende.) Auf steinigem Grund fallen diese Aufschüttungen gänzlich aus. Oft muß auch der Boden von Farnkraut gesäubert werden, dessen Wedel dem ausgebreiteten Gefieder des Leierschwanzes so sehr ähneln. Eine solch anstrengende Arbeit schildert Littlejohns sehr eindrücklich. Der Hahn muß zunächst jeden einzelnen der großen Farnwedel mit seinem Eigengewicht niederwuchten und fest auf den Boden drücken. Dann zieht er mit dem einen Fuß (während der andere festen Stand hat) an dem Farnstengel, mal in diese Richtung und mal in jene, bis er ihn nach mehrstündiger Arbeit aus dem Erdreich gezerrt hat. »Es ist gut, in der Nähe zu sein, wenn der Farn schließlich heraus ist, und die Geste der Befriedigung zu sehen, mit der er zur Seite gefegt wird.« (Littlejohns, S. 28 f.)

Das Revier eines Menura-Hahns kann bis zu 80 solcher im Laufe der Jahre angelegter Balzplätze enthalten, von denen aber während einer aktuellen Balz nur etwa ein Dutzend benutzt wird.

Die Mär von der Monogamie

Bei Pratt erscheint der Leierschwanzhahn als mustergültiger und treuer Gatte, der sich zwar nicht mit Alltagskram wie Nestbau, Brüten, Nahrungsbeschaffung für Henne und Küken und Erziehung abgibt, der aber zum einen das Territorium und damit die Futterquellen sichert und zum anderen seiner Gattin und ihren Kindern durch seine Gesangskunst unendliches Vergnügen bereitet.

Die monogame Saga, die den meisten Vogelarten angedichtet wurde (vielleicht früheren menschlichen Wunschvorstellungen entsprechend), ist inzwischen in vielen Fällen ihrer Grundlage beraubt worden. Nur der Albatros gilt noch als strikt monogam. Die Paare können bis zu zwanzig Jahre zusammenbleiben, begegnen sich aber auch nur einmal im Jahr.

Zwar versorgen viele Vogelarten ihre Brut gemeinsam (was im zoologischen Sinne schon als monogam gilt), doch haben Genomanalysen erwiesen, daß viele Nachkömmlinge »fremd« gezeugt wurden (bei Kohlmeisen etwa die Hälfte), so daß man schon von promiskem Verhalten sprechen kann. Mag sein, daß sich seit viktorianischen Zeiten die Sitten auch bei Vögeln erheblich geändert haben, jedenfalls sieht man auch das Sexualverhalten von Menura heute in anderem Licht. Das verdankt sich vor allem der Feldforschung von Ralph Kenyon, der seine Ergebnisse 1972 publizierte. Er konnte nachweisen, daß ein einziger Menura-Hahn während einer Fortpflanzungsperiode mindestens drei Weibchen umwarb und begattete. Kenyon bezeichnete dies als Polygynie (Vielweiberei), ein Begriff, der von Reilly allerdings zurückgewiesen wird, da er eine Sorge des Männchens um den gesamten Nachwuchs seiner Partnerinnen voraussetzen würde. Reilly spricht von Promiskuität, da sie auch nicht ausschließen kann, daß ein Weibchen seinerseits wiederum mit mehreren Männchen kopuliert. Die Chance, daß ein Forscher im australischen Busch Hahn oder Henne in flagranti ertappt, ist nicht gerade groß. L. H. Smith, der sich ebenfalls auf die Forschungen von Kenyon und auf eigene Beobachtungen bezieht, spricht von Polygamie. Monogames Verhalten scheint andererseits auch nicht völlig ausgeschlossen, obwohl das für die zoologische Definition des Begriffs notwendige Merkmal der gemeinsamen Brutpflege völlig fehlt.

Pratt deutet eine Art Homosexualität unter »verwitweten« Menura-Hähnen an, allerdings unter dem Vorzeichen einer strikten Monogamie bis über den Tod hinaus. Smith beobachtet ebenfalls gleichgeschlechtlich gerichtete Verhaltensweisen bei noch nicht geschlechtsreifen Männchen, die offenbar Balz und Kopulation »üben« (S. 31), und, in einem Fall, Balzverhalten zwischen zwei geschlechtsreifen Weibchen (Smith, S. 106).

Menura-Hahn als Liederjan

Was bei Pratt noch als Tugend erschien, ist in der Sicht-weise von Pauline Reilly geradezu ein moralisch verwerf-liches Verhalten. »Väterliche Sorge scheint dem Hahn des Prachtleierschwanzes völlig abzugehen.« (S. 36) Er wird als sorgloser Tunichtgut ohne jegliches Verantwortungs-gefühl für Weib und Kind geschildert, der auf vielen Hochzeiten tanzt. Dagegen spricht aus Reillys Lob für das Weibchen fast feministische Verklärung: »Weibliche Lei-erschwänze brauchen nicht das kunstvolle Gefieder der Männchen, um ihre Rolle zu erfüllen, und sie brauchen keine kraftvoll ertönenden Stimmen, um ihre Anwesen-heit kundzutun. Sie leben eher ruhig am Berghang und fahren fort, ihre Nester zu bauen. Wenn sie brutbereit sind, brauchen die promisken Männchen nicht zur Kopulation ermuntert zu werden, und sie werden die Annäherungen der Weibchen akzeptieren, die sie erwählen.« (S. 49)

Werbung und Akt

Ist ein paarungsbereites Weibchen in das Revier eines Männchens gelangt, wird es zunächst von diesem durch Balztänze und Gesänge betört. Nach einem ausgedehn-ten und raumgreifenden Geschehen, das sich über meh-rere »Hügel« erstreckt, unterbricht der Hahn seinen Ge-sang, um in »geflüsterte« Einladungslaute überzugehen, die mit »blick, blick« oder »crik« umschrieben werden. Dann umkreisen sich die Vögel mehrmals, wobei sich ihre Schnäbel für einen Augenblick berühren. Der Hahn wirft seine Schwanzfedern über den Kopf, so daß die wei-ßen, feinen Faserfedern sich wie ein Schleier über seinen gesamten Körper herabsenken. Dieses verschleierte Etwas ist in ständiger Vibration. Das Weibchen verharrt dann in einer geduckten Stellung, wobei es vom Männchen wegblickt. Dies ist die Einladung für den Hahn, »aufzusitzen«. Das Weibchen wird während der Paarung völlig vom Schleierkleid des Männchens überdeckt, so daß der Eindruck eines neuen Wesens entsteht. Während des Aktes von zirka 10 Sekunden Dauer macht das Männchen heftige Flatterbewegungen, gibt aber keinen Laut mehr von sich. Da es, wie die meisten Vögelmännchen, keinen Penis besitzt, muß es zur Begattung seine Kloakenöffnung auf die des Weibchens pressen. Nach der Kopulation verläßt das Männchen den Balzhügel, doch bleibt sein Federkleid noch waagerecht nach vorne geworfen und in ständiger Vibration. Weitere einladende Laute ergehen an das Weibchen, das jedoch sein Gefieder schüttelt und sich entfernt, ohne der Einladung zu folgen (vgl. Smith, S. 61 f.; Reilly, S. 31 f.).

Umstülpung

Spektakulärer als die eigentliche Kopulation ist die sekundenschnelle Umstülpung des Menura-Hahns: der Wurf des Schwanzes über den gesamten Körper, was einerseits Entblößung ist (des Hinterteils und der Geschlechtspartien) und andererseits Verschleierung (der gesamten Vorderpartie), so daß ein neues Wesen von monströser Schönheit entsteht, das einen Schleiertanz vollführt. Die gattungserhaltende Maßnahme von zehn Sekunden Dauer erscheint beinahe als Nebensache gegenüber dem Pomp von Gesang, Balz und Tanz. Als ob das Fehlen des primären Geschlechtsmerkmals beim Hahn zu einem Überschuß an sekundären Merkmalen führte. Ein luxuriöser ästhetischer Apparat, der nicht Ersatz für den Phallus darstellt, sondern ihn überflüssig macht, sein Fehlen vollständig vergessen läßt. Insofern führt die Umstülpung zu einer Verwandlung in ein Kunstwesen, ist ein Akt der Ästhetik, der die Biologie und ihre Logik in den Schatten stellt. Wenn man nicht vom Phallus lassen will, so kann man nun den ganzen Hahn als einen einzigen, umgewandelten, vielfiedrigen, sprühenden Phallus betrachten, der aber nicht penetriert, sondern fasziniert.

Diese Umstülpung untergräbt den Versuch, das Bild des Leierschwanzes zur Dauererektion einer Lyra einzufrieren. Sie stellt die Zerstörung einer Ikone durch flirrendes Leben dar und tendiert zu einer »konvulsivischen Schönheit«.

Schwanzfedern

Die von Pratt zitierten Beschreibungen des Leierschwanzgefieders von Gregory Mathews zeigen die Grenzen des Deskriptiven. Der Überschuß von Einzelelementen will sich nicht recht zu einem Gesamtbild summieren. Daher seien zumindest zum Schwanzgefieder noch ein paar erläuternde Worte gesagt.

Der Schwanz des Männchens umfaßt sechzehn Federn, von denen die beiden äußeren die berühmte Lyra-Form aufweisen. Die bis zu 70 Zentimeter langen Federn sind an den Spitzen schwarz und weisen V-förmige Einkerbungen auf. Der Eindruck von Transparenz an diesen Stellen ist das Ergebnis einer Sinnestäuschung: es fehlen hier die Federstrahlen, welche die Federäste normalerweise zusammenhalten.

Zwischen den beiden Leierfedern gibt es zwölf breite Faserfedern mit biegsamen silbrigen Federästen. Diese sitzen auf jeder Seite des zentralen Kiels in Abständen von 5 Millimetern oder mehr. Federstrahlen sind nur an der

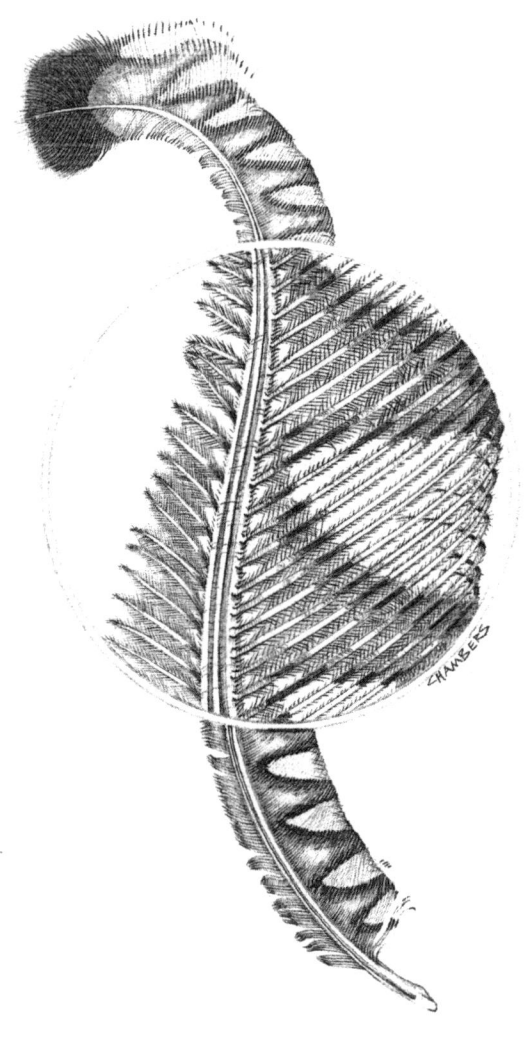

Leierfeder des Menura-Hahns (Zeichnung von Chambers aus: Reilly)

Basis vorhanden, so daß diese Faserfedern nur dort wie normal mit Fahnen versehene Federn erscheinen.

Zwei drahtartige silberne Mittelfedern kreuzen sich an ihrem Ansatz, bevor sie aus der Mitte des Schwanzes aufsteigen. Nur zur Spitze hin haben sie vereinzelte dürftige Federäste, so daß sie fast wie reine Federkiele wirken. Sie sind ebensolang wie die Faserfedern oder länger als sie, und beide sind länger als die Leierfedern. Diese beiden (bis zu 85 Zentimeter langen) Mittelfedern ragen über den gesamten Schwanz hervor und wahren, anders als die Leierfedern, den Eindruck des Vertikalen (vgl. Reilly, S. 18).

Die Schwanzfedern des Weibchens gleichen denen des Hahns. Es sind ebenfalls sechzehn, von denen zwölf den Faserfedern des Hahns entsprechen, aber schlicht und breit sind. Die beiden Mittelfedern sind länger und schmaler und besitzen vollständige Fahnen; die beiden äußeren Leierfedern haben weder keulenförmige Enden noch weisen sie die deutlichen Einkerbungen wie beim Männchen auf (vgl. Reilly, S. 19).

Mauser

Eine andere Verwandlung, die sich aber nicht in Sekundenschnelle vollzieht, sondern im Jahresrhythmus.

Das Prachtkleid des Männchens weicht einem Schlichtkleid, um im nächsten Jahr um so prächtiger wiedererscheinen zu können. Die Schwanzmauser beginnt im Frühjahr (September) und nach 12 bis14 Wochen ist ein neuer Schwanz gewachsen. Der Hahn nutzt die »tote« Zeit, um sein Gesangsrepertoire zu verbessern. Doch ist der Hahn keineswegs so niedergeschlagen, wie Pratt es darstellt. »Trotz fehlendem Schwanz singt und tanzt er auf einem

Hügel, auf dem Waldboden, auf einem Baumstamm oder -stumpf. Manchmal teilt er sogar einen Hügel mit einem anderen Leierschwanz zu einem vergnügten wechselseitigen Schautanz. Während dieser Zeit kann er auch mit seinem zwölf oder dreizehn Monate alten Küken gesehen werden, das neben ihm scharrt.« (Smith, S. 17) So völlig getrennt von der Familie scheint er also doch nicht zu sein.

Nestbau

Das Weibchen beginnt im März mit dem Nestbau, der etwa einen Monat in Anspruch nimmt. Pratt hat die mühselige und kunstvolle Arbeit der Henne beschrieben und gewürdigt. Reilly bestätigt (S. 50) seine Information, daß auf der Nestkuppe Eukalyptusblätter befestigt werden (bei Pratt sind es Rindenstreifen), allerdings stützt sie nicht dessen gewagte These, daß diese Draperie den Zweck verfolgt, Raubvögel in ihrer Wahrnehmung irrezuleiten. Dies ist wohl eher eine Vermutung, die empirisch sehr schwer nachzuweisen ist.

Winter-Ei

Die Henne legt ab Mitte Juni ein einziges Ei. Auf der Südhalbkugel herrscht zu dieser Zeit tiefer Winter. Temperaturen um den Gefrierpunkt und Schneefälle sind zu dieser Zeit nicht selten, so daß die Henne das Ei nachts durchgängig bebrüten muß. Tagsüber kümmert sie sich um ihre Ernährung, und während dieser Zeit kann die Temperatur des Eis auf 8 Grad Celsius absinken. Die Brutzeit bei Helligkeit vergrößert sich, je weiter die Entwicklung des Kükens fortschreitet. Es schlüpft im August/September, wenn in Australien der Frühling anbricht. Dann ist der Tisch für Henne und Küken reichlich gedeckt.

103

Frühe Laute

Bei der Fütterung gibt das Küken glucksende Schlucklaute von sich, die, laut Smith (S. 95), »an einen zufriedenen menschlichen Säugling denken lassen«. Doch auf einen Eindringling reagiert es mit einem schrillen, markerschütternden Schrei. Wenn man sich, als Leierschwanzforscher, von dieser Warnung nicht abschrecken läßt und sich dem Küken dennoch nähern will, legt man ihm, wie Smith rät, »seine Hand sacht über den Kopf und streichelt es sanft«. Dann »kuschelt es sich ins Nest und macht ein piepsendes Geräusch, das, wie bei einer schnurrenden Katze, offenbar Zufriedenheit zum Ausdruck bringt«.

»Das heranwachsende Küken kann einen Ton erzeugen, der wie ›tchick … tchick‹ klingt oder wie das Geräusch, das entsteht, wenn ein Mensch durch den offenen Mund ausatmet.«

»Das Küken gibt einen schrillen Piepton von sich, um seine Mutter davon in Kenntnis zu setzen, daß es Hilfe bei seinem Toilettengang braucht.« (Die Exkremente des Kükens stecken in einer gallertigen Umhüllung, die von der Vogelmutter mit dem Schnabel aus dem Nest transportiert und in einiger Entfernung ins Wasser geworfen oder vergraben wird.)

In den ersten Tagen nach dem Verlassen des Nests gibt der Jungvogel keinen Ton von sich, um sich nicht als Nahrung für Räuber zu erkennen zu geben. Sobald er in der Lage ist, auf Ästen zu sitzen, beginnt er sein Lautrepertoire zu erweitern. Wenn er mit seiner Mutter auf Futtersuche umherwandert, »unterhalten« sich beide Vögel fast ununterbrochen, wobei der Jungvogel ein leises winselndes Geräusch von sich gibt und die Mutter »oo … oo … oo … oo«-Töne macht.

Die Laute eines acht Monate alten Kükens (»eine Reihe lauter, abgehackter Gackertöne«) erinnerten Smith an das Geschnatter von Donald Duck, wenn er seinen Unmut angesichts des Treibens seiner Neffen äußert.

Smith berichtet weiterhin von einem achtzehn Monate alten Küken, das »eine sehr gute Nachahmung des stakkatoartigen Gebells eines Foxterriers zum besten gab« (S. 95).

Im dritten Jahr ist die Gesangskunst des Jungvogels schon recht gut herausgebildet. Mehrere von ihnen können sich zu regelrechten Konzerten zusammenfinden. Smith berichtet von einem Trio: »Jeder Vogel sang sein eigenes Stück, griff aber oft den Ruf von einem der anderen Vögel auf (…) Sie waren perfekt aufeinander abgestimmt, als ob sie mit einer Stimme sängen.« (S. 96)

Hennentöne

Neben schrillen Warnschreien und dem besänftigenden »oo … oo … oo … oo«, mittels dessen die Henne mit dem Küken kommuniziert, ist sie durchaus zu Gesangsleistungen fähig, die an die des Hahns heranreichen können. Merkwürdigerweise kommt dieser Gesang oft in Streßsituationen zustande. So berichtet Smith von einer »Singenden Henne«, die dann zu singen und zu tanzen anfing, wenn er ihrem Nest zu nahe kam. Sie warf dabei, nach Art des Männchens, ihren Schwanz über den Kopf (S. 97). Smith vermutet, daß solche Attitüden bei Weibchen auftreten, die einen erhöhten Anteil männlicher Hormone haben. Es könnte sich aber auch um ein Ablenkungsmanöver handeln, wie es etwa europäische Vogelmütter praktizieren, die einem potentiellen Angreifer einen lahmen Flügel vortäuschen.

Elemente des Hahnengesangs

Es ist immer problematisch, Vogellaute in eine menschliche Lautschrift zu übersetzen. Die Beispiele in Brehms Tierleben wirken oft lächerlich, unbeholfen und treffen fast kaum den genauen akustischen Eindruck, den solch ein Vogelgesang im menschlichen Ohr macht. Um so schwieriger ist dieses Unterfangen bei einem Vogel, dessen Gesang sich in andauernd wechselnden Variationen, Improvisationen und Imitationen ergeht. Dennoch sei hier, zur groben Orientierung, das von Smith (S. 97 f.) in Laute transkribierte Repertoire des männlichen Leierschwanzes wiedergegeben (um weiteren Verfälschungen vorzubeugen, wird nicht noch nach deutschen Entsprechungen gesucht.)

1. Warnruf − »eeeeeeeek« oder »whisk whisk«

2. »aw-kok« (wie beim Weibchen)

3. Leises Geräusch, das wie das Winseln eines Hundes klingt (drückt Besorgnis oder Ungewißheit aus)

4. Verschiedene besondere Rufe wie: Revierrufe, die, je nach Gebiet, völlig unterschiedlich ausfallen können; Scherenschleifgeräusche; »blick ... blick ... blick«, gewöhnlich das Vorspiel zu einer Balz oder Kopulation; »clonk clonk«, kann durch »clickety clickety click« erweitert werden (gewöhnlich mit einem Springen von einem auf den anderen Fuß begleitet); »clack ... clack ... clack« (am Ende eines Balztanzes, wenn der Hahn noch mit erhobenem und bebendem Schwanz auf dem Balzhügel steht); Lock- und Werberufe, die das »Flüsterlied« umfassen, eine gluckernde Folge von Tönen, die wie »eeaweeaweeaw ...« klingen; zwischen den Gesängen ein Ton, der wie »parrrrt« oder »warrrrt« klingt und mehrmals wiederholt werden kann; ein Laut, der wie »ugh ... ugh ... ugh« klingt und nach

der Kopulation ertönt (vielleicht als Ausdruck der geleisteten Anstrengung, wie Smith vermutet).

5. Imitationen

Bei Reilly erfahren wir noch (S. 31), daß der Hahnengesang durch einen Warnruf unterbrochen werden kann, der wie ein schrilles »Psssst« klingt; dann »doppeltes ›blick, blick‹, vom Klatschen seiner Flügel gegen seine Seiten begleitet, als ob solche Anstrengung notwendig wäre, um den explosiven Laut zu erzeugen: ›tuggerah, tuggerah‹ (oder ›pluggerah‹), in etwa dem Geräusch galoppierender Hufe gleich (...); und ein metallisches Sausen wie das Geräusch einer Schere, die geschliffen wird.«

Daß man sich aus diesen vagen Elementen einen Leierschwanzgesang zusammenbasteln kann, ist doch sehr fraglich. Im Grunde spotten diese Gesänge jeder Beschreibung (sie könnten einen in manchen Passagen an die frühen Kurzwellenkompositionen von Karlheinz Stockhausen erinnern).

Imitationen

Die Imitationen machen 70 Prozent des Leierschwanzgesanges aus. Chisholm erweiterte die Liste von Pratt auf insgesamt 52 Vogelarten, die der Leierschwanz nachahmt. Dabei handelt es sich natürlich um Vögel, die entweder in der momentanen Umgebung des Leierschwanzes vorkommen oder in einem früheren Habitat beheimatet waren, aus dem er verpflanzt wurde. (So imitierten nach Tasmanien exportierte Leierschwänze Vögel, die es dort gar nicht gab.) Aber es werden auch wiederum nicht alle Vögel der direkten Umgebung imitiert, obwohl dies dem Leierschwanz stimmlich möglich wäre. »Die ausgewählten Vorbilder haben die gleiche Klangfarbe wie der Leierschwanz und sind oft Vögel mit lauten Rufen ...« (Reilly, S. 43)

Die Liste der am meisten imitierten Vögel (nach Reilly): Gelbschwanz-Rußkakadu, Helmkakadu, Penant-Sittich, Gelbbauchsittich, Lachender Hans, Amsel, Gelb-bauchschnäpper, Gelbbauchdickkopf, Graubrustgudilong, Schwarzkopfwippflöter, Weißbrauen-Sericornis, Rotnak-kenhonigfresser, Weißbürzelwürgerkrähe.

Die exakten Imitationen werden vom Leierschwanz oft durch eigene Improvisationen erweitert und zu einem Programm dicht aufeinanderfolgender Themen ausge-baut. Smith hat bei einer Tonbandaufnahme, die er 1967 im Sherbrooke Forest machte, in einem dreiminütigen Leierschwanzlied 56 verschiedene »Programmpunkte« identifizieren können (S. 102).

Der australische Ornithologe und Musikologe K. C. Halafoff setzt die Imitationen der Leierschwänze deut-lich von denen »sprechender« Papageien ab, die nur eine »grobe Annäherung an die menschliche Stimme« errei-chen, wohingegen Menura zu Bestzeiten »eine wirkliche Reflexion des Originals« betreibe. Seine fast unglaubliche »Fähigkeit, diese unordentliche Masse von Frequenzen wiederzugeben«, läßt sich, laut Halafoff, nur durch die Annahme erklären, daß er »die Frequenzen der imitierten Geräusche zu analysieren versteht«.

Reilly zeigt sich skeptisch, was die Imitation von Tönen angeht, die anderen Tieren oder Maschinen, Gerätschaf-ten etc. zugeordnet werden. Sie vermutet, daß der Mensch ihm bekannte Klänge in Lautäußerungen des Vogels hin-eininterpretiert. »Die gewaltige Vielfalt von Geräuschen, die der männliche Leierschwanz hervorbringt, insbesonde-re ›blik‹, ›crik‹, ›tuggerah‹ und die schwirrenden, klickenden und klackenden Laute, die hauptsächlich bei der Balz verwendet werden, können gut als Holzhacken, als das Pumpgeräusch eines hydraulischen Widders, als Scherenschleifen, Hundegebell oder Bauernhofgeräusche mißinterpretiert werden.« (S. 45)

Reilly berichtet aber auch von einem außerordentlichen Fall der Imitation einer Melodie über einen sehr langen Zeitraum hinweg (S. 47). Im New England National Park hatte 1969 ein Parkwächter ein Leierschwanzlied aufgezeichnet, das einer Flötenmelodie glich. Aufgrund von Nachforschungen bekam er heraus, daß in den 1930er Jahren ein Flötenspieler, der in einer Farm nahe dem Park lebte, seinem zahmen Leierschwanz Melodien vorgespielt hatte. Dieser prägte sich die Klänge ein und gab sie an andere wildlebende Artgenossen weiter, als er in den Park freigelassen wurde. Die musikalische Analyse durch Norman Robinson ergab, daß in dem Leierschwanzlied zwei in den 30ern populäre Melodien überlagert und variiert waren: »Mosquito Dance« und »The Keel Row«.

Anwesenheit des imitierten Objekts

Meist treffen die imitierten Laute des Leierschwanzes nicht auf die »Originaltöne« anderer Vögel. Wenn es aber doch geschieht, treten sie nicht in Konkurrenz mit ihnen, sondern fügen sich eher in ein gemeinsames Lautereignis oder »Konzert«. Littlejohns berichtet von solch einem Zusammenwirken. Zuerst hörte er, wie ein Leierschwanz mehrere Vögel des australischen Buschs kopierte: den rauhen Lauten des Lachenden Hans' folgten die hohen melodiösen Töne des Leierschwanzlakais; das Kreischen des Gelbschwanz-Rußkakadus ging reibungslos in die volle Stimme der Würgerkrähe über; dann folgten die Rotstirn-

Dornschnäbel und Heidehuscher mit ihren schwachen Diskanttönen. »Es scheint keinen Klang zu geben, der zu schwierig oder zu flüchtig ist, um von dieser bemerkenswerten Kehle wiedergegeben zu werden. Sogar das Geräusch der raschelnden Federn, das den Papageienschwarm begleitet, wird imitiert, aber nicht durch das Schütteln des Gefieders, wie man zu erklären bereit wäre, wenn man die Sache hört, sondern in der Kehle des Sängers. (…) Jetzt fliegt ein Schwarm von Papageien vorüber, und unser Vogel unterbricht seinen gewöhnlichen Gesang, um, mit sichtlichem Genuß, imitierte Papageienlaute unter die Laute des Schwarms zu mischen.« (S. 15 f.) Littlejohns erklärt dieses Verhalten als Lust am Spiel, wie er auch dem Vogel unterstellt, aus reiner Freude am Gesang zu singen.

Auch Reilly schreibt über solche Fälle, bei denen das imitierte Vorbild anwesend ist. »Verwirrung unter den nachgeahmten Arten kommt wahrscheinlich nicht vor, aber das Erkennen einer Nachahmung kann eine Antwort hervorlocken. Der Leierschwanz gibt seine Imitationen in einer raschen und ununterbrochenen Reihe vermischter Rufe von sich, wohingegen das Vorbild in sein eigenes Lied Pausen einstreut.« (S. 42)

Der Leierschwanz als Komponist

> »In der künstlerischen Hierarchie sind die Vögel wahrscheinlich die größten Musiker, die unseren Planeten bewohnen.«
>
> OLIVIER MESSIAEN (1967 im Gespräch mit Claude Samuel)

Der schon erwähnte K. C. Halafoff hat wie kein anderer die musikalische Struktur der Leierschwanzgesänge erforscht, von denen mindestens die Hälfte gar nicht das menschliche Ohr erreichen kann. Durch Verlangsamung der Bandgeschwindigkeiten hat Halafoff diese »Zwischentöne« hörbar gemacht, zumindest diejenigen, die potentiell auf menschlicher Wellenlänge liegen.

Noch bedeutsamer ist, daß Halafoff dem Leierschwanz kompositorische Fähigkeiten unterstellt, die über das einfache Variieren von festgelegten Strophen (wie bei der Amsel) weit hinausgehen. Er entdeckte Strukturähnlichkeiten zu Musiken von Strawinski (»Bläsersymphonien«) und Boulez (»Le marteau sans maître«). Laut Halafoff beherrscht der Leierschwanz nicht nur Solopartien souverän, sondern er kann auch komplizierte Instrumentierungen improvisatorisch zum Einsatz bringen. Er greift dabei immer wieder auf »Leitmotive« zurück, wobei ein mosaikartiges Muster entsteht. In den in der Tonart Es gehaltenen Gesängen, die sich über vier Oktaven erstrecken, registriert Halafoff Stakkati, Glissandi, Tremoli, Synkopen, Beats und weitere perkussive Elemente. Der Balzgesang enthält »schrille Triller, heftige Stakkati und ein seltsam prasselndes Geräusch, das klingt, als werde ein Beutel mit Geld geschüttelt.«

Der französische Komponist Olivier Messiaen, berühmt durch seine Notierungen und Instrumentierungen von Vogelstimmen, ließ sich auch den Leierschwanz nicht entgehen, den er 1988 in Australien in einem Wald riesiger Eukalyptusbäume erlebte. Ihm erschien der Vogel religiös erhöht als die geschmückte Braut der Apokalypse. Messiaen transponierte den Leierschwanzgesang auf Orchesterinstrumente, die zwar nicht die Klangfarben des Vogelgesanges wiedergeben, wohl aber dessen Phrasierung bis ins kleinste folgen. Als *L'oiseau-lyre et la Ville-fiancée* (»Der Prachtleierschwanz und die bräutliche Stadt«) bildet diese Stück Teil III des späten Orchesterwerks *Éclairs sur l'au-delà* (1987–91), das erst 1992, nach dem Tod des Komponisten, uraufgeführt wurde.

Gefahren und Feinde

Chisholm teilt nicht die Ansicht von Pratt und anderen, die Aborigines hätten das Fleisch des Leierschwanzes »als einen sehr wünschenswerten Bestandteil der Nahrung betrachtet« (S. 139). Gefährlicher für den Vogel wurden im 19. Jahrhundert die weißen Jäger, die auf die Bälge für die englischen Salons und die Leierfedern als Schmuck für die eleganten Damen erpicht waren. Allerdings betätigten sich dabei die Ureinwohner als Zulieferer von Federn. Den Höhepunkt erreichte die Jagdwelle zu Beginn des 20. Jahrhunderts. Auf einem Kongreß der Royal Australasian Ornothologists' Union wurde 1911 erklärt, daß Händler in Sydney im Jahr zuvor 1298 Menuraschwanzfedern verkauft hätten, und daß in den letzten drei Jahren 2000 davon exportiert worden seien. Der auch von Pratt zitierte Ornithologe Gregory Mathews schrieb 1919, daß »der Vogel jetzt kurz vor der Ausrottung steht, wenn diese nicht schon vollbracht ist«. Erst mit *The Birds and Animals Protection Act*, 1918–30, wurde der Leierschwanz unter vollen Schutz gestellt. Dadurch und durch die Bewunderung, die dem Vogel zunehmend zuteil wurde, ist er der Vernichtung entgangen, obwohl er als »Bodenvogel« großen Gefahren ausgesetzt ist. Er hat inzwischen eine solide Population aufgebaut, so daß er nicht mehr unmittelbar bedroht ist.

Pratt geht ausführlich auf den Fuchs als neuen, von den

Europäern eingeschleppten Feind des Vogels ein. Busch-brände als Bedrohung der Bestände erwähnt er zwar, doch ordnet er sie eher historisch ein, als Folge der Rodungen durch die Siedler. In den letzten Jahrzehnten hat die Gefahr durch verheerende Brände aber wieder erheblich zugenommen.

Wie Smith berichtet (S. 20) wissen sich die Leier-schwänze in dieser bedrohlichen Situation auch oft ganz gut zu helfen: instinktiv zieht es sie zu rettenden Flußläufen oder sie nehmen Zuflucht in den Höhlen von Wombats, um den Flammen zu entgehen.

Im Januar 2003 hatte eine verheerende Feuersbrunst im Tidbinbilla-Naturreservat westlich von Canberra gewütet und dieses nahezu eingeäschert. Man fürchtete um die völlige Auslöschung des Leierschwanzbestandes, doch schon zwei Monate nach der Katastrophe tauchten die ersten Exemplare wieder auf. Wie Phönixe aus der Asche. Aufgrund von Stimmanalysen stellte man fest, daß sie nicht aus anderen Gegenden eingewandert sein konnten. Möglicherweise hatten sie auf die von Smith geschilderte Weise überlebt (vgl. Tidbinbilla studies 6, *www.lyrebirds.blogspot.com*).

Ungewisse Zahl / Unsicheres Tier

Menura zeigt sich einem Zensus gegenüber nicht gerade als zugänglich (wie sich wohl vermuten läßt). Die Rote Liste für gefährdete Arten der IUCN vermerkt, daß die Gesamtpopulation von *Menura-novaehollandiae* nicht quantifiziert sei. Doch wird die Spezies als »nicht gefährdet« (»Least concern«) eingestuft. Man geht von einem Verbreitungsgebiet aus, das nicht unter 20 000 Quadratkilometern liegt, und von einer Population erwachsener

Tiere, die 10 000 nicht unterschreitet (bei einer voraussichtlichen Abnahme von 10 Prozent in 10 Jahren.)

Gefährdet ist allerdings der kleinere Verwandte *Menura alberti*, der auch ein wesentlich kleineres Verbreitungsgebiet hat, das sich nördlich an das des Prachtleierschwanzes anschließt.

Für ein engumgrenztes Gebiet, den Sherbrooke Forest, Teil des Dandenong Ranges National Park bei Melbourne, hat die Sherbrooke Lyrebird Study Group genauere Bestandszahlen für *Menura superba* vorgelegt. In dem Idealhabitat für Leierschwänze von ca. 8 Quadratkilometern Größe wurde eine stabile Population von 160 Tieren ermittelt.

Im übrigen ist es bemerkenswert, daß bei den verschiedenen Autoren die Zahlenangaben über Größe der Reviere, Balzhügel, Lebensdauer etc. stark variieren. Als ob jeder eine eigene Leierschwanzwahrheit zu vertreten hätte.

Übertragung

Am 5. Juli 1931 wurde die erste Direktübertragung eines Leierschwanzgesangs in den Äther geschickt. Dazu hatte man ein ganzes Tonaufnahmestudio in den Dschungel von Sherbrooke Forest geschleppt. Tags darauf berichtet die Zeitung *The Argus* ausführlich von dem Ereignis, zu dem mehr als zwei Wochen Vorbereitung notwendig waren: ein Telefonkabel wurde zu einem Balzhügel in einem ausgewählten *gully* gelegt, drei Mikrophone wurden aufgestellt und mit einem in der Nähe befindlichen Verstärker verbunden. Bei einem dieser Mikrophone brachte man einen großen Spiegel an, weil man glaubte, der Vogel würde durch den Anblick seines Spiegelbildes zum Gesang angeregt werden. Ob wegen des Spiegels oder nicht: er sang und »kümmerte sich nicht um die geringfügigen Bewegungen und leisen Stimmen von Mr. Tom Tregellas und dem Ingenieur, der, nur ein paar Fuß entfernt, den Verstärker bediente.«

Offenbar hatte der Vogel keine Scheu, sich in seine neue Rolle als öffentlich wirksamer Gesangskünstler hineinzufinden.

1963 trat »Spotty«, ein zahmer Leierschwanz, in einer Fernsehdokumentation namens »Dancing Orpheus« auf. Zahlreiche Platten mit Leierschwanzgesängen erschienen und weitere Filmaufnahmen wurden gemacht, darunter 1986 der Videofilm »Kingdom of the Lyrebird«. Der Vogeltanz wurde auch, von Robert Helpman, in ein Ballett transponiert (»The Display«).

Seine Karriere als Briefmarkentier begann Menura schon 1888. Mit wachsender Beliebtheit tauchte er auf Münzen und Geldscheinen auf und mußte als Logo für etliche australische Institutionen herhalten, wie etwa das Musikkonservatorium von Queensland.

Verspiegelung / Vermenschlichung

Die Aufstellung eines Spiegels bei der Radio-Übertragung eines Leierschwanzgesangs ist (obschon hier überflüssig) ein Vorgehen, das auf Kenntnissen vom Vogelverhalten beruht. Männliche Singvögel (wie Buchfinken) können durch den Anblick ihres Spiegelbilds in helle Aufregung geraten, da sie dieses für einen Rivalen halten, auf den sie bis zur Besinnungslosigkeit einhakken müssen. Früher gab es sogenannte Lerchenspiegel, gekrümmte Streifen von Spiegelglas, die hinter Vogeltränken oder Futterplätzen angebracht wurden. Auf die durch ihr Spiegelbild gebannte Lerche senkten sich dann Fanggarne herab.

»Nach den (…) Arbeiten von Harrison (1939) tritt beim Taubenweibchen die Ovulation beim bloßen *Anblick* einer Form ein, die den ähnlichen Artgenossen evoziert, bei einem reflektierenden Anblick im Grunde, sogar in Abwesenheit des realen Männchens. Es geht dabei wohlweislich um einen Spiegelblick, um ein Bild (…)« (Derrida, S. 178)

Der Mensch schiebt sich durch seinen Spiegel in die Selbstbespiegelung des Tiers ein. Eine Spiegeloperation, um des Tiers habhaft zu werden und es zu verspeisen. Oder um ihm Gesang zu entlocken. Die Herrschaft über das Tier, dem Menschen von Gott stark empfohlen, stellt sich zunächst schlichtweg als Einverleibung dar, dann als Zähmung und Nutzbarmachung (Unterwerfung unter den menschlichen Willen) und schließlich (und dies ist die tückischste Form der Aneignung) als Verwandlung in eine Spiegelfläche für menschliche Projektionen: Vermenschlichung des Tiers.

Erst wenn wir beim Leierschwanz »menschliche« Eigenschaften entdecken, wenn wir ihn z. B. »sprechen« und unsere menschlichen Kräche nachahmen hören, glauben wir, ihn begriffen zu haben. Weit gefehlt! Wir spiegeln uns bloß in einem Wesen, dem es doch immer wieder gelingt, sich vollständiger »Erfassung« zu entziehen.

Den Gipfel solcher menschlichen Unterschiebungen bietet Smith, der bei einem Leierschwanz die Stimme von Donald Duck vernommen haben will, einem verenteten Menschen (oder einer vermenschten Ente) aus menschlicher Phantasieproduktion.

Von der gelungenen Zähmung eines Menura-Weibchens berichtete Harold J. Pollock, der sich in den 60er Jahren sechs Monate lang zu Filmarbeiten in der früheren Heimat von »James« in den Dandenong Ranges aufgehalten hatte. Für ihn war es das Höchste, daß die durch Nahrungsangebote zahm gemachte »Theresa« auf seine Knie sprang. Ihr männlicher Kollege »Wanderer« ging nie so weit; er nahm zwar Futter an und entfernte sich mit stolzem Gebaren. »Immer schien er mich mit einer hochmütigen Zurückhaltung zu betrachten; in der Tat vermittelte er mir den Eindruck, daß er Menschenwesen verachtete.« (Pollock, S. 15)

Animal Ludens

Pratt berichtete von spielerischen Verfolgungsjagden, die männliche Leierschwänze veranstalten. Smith schreibt dazu (S. 22), daß »sich die Vögel am Ende des Spiels trennen und oft zu ihren Hügeln eilen, um zu balzen, als ob dieser kurze Kontakt mit ihren Nachbarn sie angeregt hätte«.

Die Hähne leiten ihr Spiel durch ein Hin-und-her-Bewegen des Kopfs ein, das so rasch sein kann, daß es ein Sausen in der Luft verursacht. »Es scheint, daß die ›Schlangenbewegung‹ des Kopfes ein Ritual ist, das durch ein [für den Menschen nicht wahrnehmbares] Hörsignal ausgelöst wird, welches der Vogel als eine Einladung des Nachbarn interpretiert, ›hervorzukommen und zu spielen‹.«

Begreift man Spiel im Sinne von Huizinga als ritualisierten Ablauf, so können auch das Theater der Balz und die Zurschaustellung der Federpracht als ein solches betrachtet werden, denn diese reduzieren sich keineswegs auf den Endzweck des Gattungserhalts, der sich auf viel einfachere Weise erreichen ließe. Der hier betriebene Aufwand scheint bisweilen jenen Zweck sogar zu konterkarieren, ihm hinderlich zu sein, und zwar durch einen Überschuß, der als Selbstzweck wirkt und in den Bereich der Schönheit verweist.

Selbstzweck ist ebenfalls ein Wesensmerkmal von Spiel. Ein Dasein ohne Spiel ist undenkbar, bei Mensch wie bei Vogel.

Eine Sentenz von Schiller (aus: *Über die ästhetische Erziehung*) variierend, könnte man sagen: »Das Tier ist da ganz Tier, wo es spielt. Und der Mensch ist da ganz Mensch, wo er anerkennt, daß das Tier da ganz Tier ist, wo es spielt.«

Das Tier, das ich also bin

»Verfügt das Tier nicht nur über Zeichen, sondern auch über eine Sprache, und welche? Stirbt das Tier? Weint es? Trauert es? Langweilt es sich? Lügt es? Verzeiht es? Singt es? Erfindet es? Erfindet es Musik? Spielt es Musik? Spielt es? Gewährt es Gastfreundschaft? Schenkt es? Gibt es? Hat es Hände? Augen, und so weiter? Kennt es Schamhaftigkeit? Kleidung? Und schließlich: den Spiegel? ... All diese Fragen sowie viele weitere, die von ihnen abhängen, sind Fragen über das Eigene des Tiers.«

JACQUES DERRIDA *Das Tier, das ich also bin* (S. 100)

Der Verfasser

Ambrose Pratt (1874–1944)
© State Library of Victoria

AMBROSE GODDARD HESKETH PRATT (1874–1944) war
eine schillernde Persönlichkeit. In eine Medizinerfami-
lie in New South Wales hineingeboren, genoß er eine anspruchsvolle Collegeerziehung, die durch Privatunterricht
in Deutsch, Französisch, Reiten, Fechten und Schießen er-
gänzt wurde. Sein Medizinstudium gab er schon bald zu-
gunsten der Jurisprudenz auf. 1897 wurde er am Supreme
Court von New South Wales als Anwalt zugelassen. Im
Rückblick sah er sich selbst zu dieser Zeit als »unerträgli-
chen Laffen« (»coxscomb«: das ist der Hahnenkamm der
Narrenkappe), als einen schwarzgekleideten Stutzer mit
Monokel, schwerer goldener Uhrkette und Van-Dyke-Bart.
Den Anwaltsberuf gab er bald auf und fuhr als Supercar-

go auf einem Handelsschiff in die Südsee. 1898 heiratete er in Sydney, schiffte sich anschließend nach England ein, um dort eine Laufbahn als Journalist und Schriftsteller zu beginnen. Noch im selben Jahr erschien mit *King of Rocks* der erste von mehr als dreißig Romanen, zumeist kommerziell orientierten »Räuberpistolen« (mit Outlaws als Helden). 1905 ging Pratt zur Melbourner Zeitschrift *Age* und äußerte sich zunehmend zu politischen Fragen, wobei er anfangs zur Labour Party neigte. 1913 ergriff er in seinem Buch *The Real South Africa* Partei für die Rechte der Schwarzen in Südafrika. Ab 1927 zog er sich vom Journalismus zurück und begann, sich für den Schutz der australischen Fauna einzusetzen. Von 1921 bis 1926 war er Präsident der Royal Zoological and Acclimatisation Society und dann stellvertretender Vorsitzender des Zoological Board of Victoria. 1933 veröffentlichte er *The Lore of the Lyrebird* und 1937 *The Call of the Koala*. 1933 gründete er eine Liga der Jugend zum Schutz der Fauna und Flora Australiens.

Darüber hinaus betätigte Pratt sich als Geschäftsmann und verfolgte seit den 1920er Jahren Geschäftsinteressen in Malaya und Siam und wurde schließlich Direktor von zwölf zinnfördernden Gesellschaften. Als Berater der Regierung von Thailand wurde er 1941 von dieser als Generalkonsul in Australien eingesetzt. Ihm wurde der Orden des Weißen Elefanten verliehen. In den letzten Monaten seines Lebens griff er die Politik der Weißen in Australien an.

Rainer G. Schmidt

LITERATURVERZEICHNIS

ADORJÁNI, Zsolt: *Der Gott der Diebe? Bemerkungen zum homerischen Hermes-Hymnos*, in: Hermes, Jg. 139, Heft 2 (2011)

CANETTI, Elias: *Über Tiere*, München 2002

Ders. : *Party im Blitz. Die englischen Jahre*, München 2003

CHISHOLM, Alec H.: *The Romance of the Lyrebird*, Sydney 1960

DERRIDA, Jacques: *Das Tier, das ich also bin*, Wien 2010 (Übers. Markus Sedlaczek)

D'EWES, J.: *Sporting in Both Hemispheres*, London 1853

HALAFOFF, K. C.: *The Lyrebird: A Documentary Study of its Song, Booklet Notes*. Folkways, New York 1966

HINDWOOD, K. A.: *An Interesting Aboriginal Rock-Carving*, in: *Emu XXXI*, 1932, S. 232 f.

KENYON, R. F.: *Polygony among Superb Lyrebirds*, in: *Emu*, 5, 1972, S. 57–67

KRONAUER, Brigitte: *Tierlos*, Nachwort zu: CANETTI, Elias: *Über Tiere*

LITTLEJOHNS, R. T.: *Lyrebirds Calling from Australia*, Melbourne 1947

MURRAY, Les: *Übersetzungen aus der Natur*, Hörby 2007 (Übers. Margitt Lehbert)

POLLOCK, Harold J.: *Menura the Lyrebird*, Gladesville 1967

REILLY, Pauline: *The Lyrebird: A Natural History*, Sydney 1988

ROBINSON, F. N.: *Vocal mimicry and the evolution of bird-song,* in: *Emu 75,* S. 23–27

SAMUEL, Claude: *Entretiens avec Olivier Messiaen.* Paris, 1967

SMITH, L. H.: *The Life of the Lyrebird,* Richmond, Victoria 1988

INHALT

Der Verlag hat sich vergeblich bemüht, die Rechte am Werk von Ambrose G. H. Pratt, The Lore of the Lyrebird, Sydney 1933, ausfindig zu machen. Wir bitten den Rechteinhaber, sich an den Verlag zu wenden.

Das Copyright für die Zeichnungen von Peter Chambers, die im Buch von Pauline Reilly abgedruckt waren (siehe Literaturverzeichnis), und für die Photographie von K. A. Hindwood (S. 85) konnte ebenfalls nicht ermittelt werden.

Peter J. Fullagar sei dafür gedankt, dass er die Tonaufnahmen für dieses Buch zur Verfügung stellte. Sie werden hier zum ersten Mal publiziert.

Umschlag und Vignetten: Horst Hussel

© 2011 für die deutsche Ausgabe FRIEDENAUER PRESSE Berlin,
Katharina Wagenbach-Wolff, Carmerstr. 10, 10623 Berlin
Alle Rechte vorbehalten.
Gesetzt aus der Walbaum-Antiqua
Von Pinkuin Satz und Datentechnik, Berlin
Gedruckt bei der Druckerei Conrad, Berlin
Die Buchbindearbeiten besorgte Stein & Lehman, Berlin
Printed in Germany   ISBN 978-3-932109-69-0
www.friedenauer-presse.de